頂尖甜點師的
蒙布朗代表作

瑞昇文化

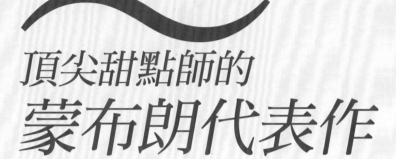

頂尖甜點師的蒙布朗代表作

Contents

閱讀本書前須知

- 本書中將介紹35家店的蒙布朗材料、作法，及創作風味的想法。
- 內容為2012～13年當時採訪的情形。現在，價格、供應期間、材料、作法和設計等可能有變化。
- 材料和作法的標示，完全依照各店的標示法。
- 份量中標示的「適量」，請一面視製作狀況，一面依個人喜好斟酌份量。
- 材料中，鮮奶油和鮮奶的「%」是指乳脂肪成分的比例，巧克力的「%」則指可可成分的比例。
- 無鹽奶油的正規標示為「不使用食鹽奶油」，但本書標示為通稱的「無鹽奶油」。
- 加熱、冷卻、攪拌時間等，是根據各店使用的機器來標示。
- 關於栗子，有如下的統一用語。
  - 本書中，日本國內栽培的栗子稱為「和栗」。使用和栗的材料，標示為「和栗醬」、「和栗甘煮」、「糖漬和栗」等。
  - 栗子甘露煮、栗子澀皮煮標示為「栗甘煮」、「澀皮栗甘煮」、「和栗甘煮」、「澀皮和栗甘煮」，以糖漿醃漬的栗子標示為「糖漬栗子」、「糖漬和栗」。
  - 材料和作法的標示上，「 pâte de marron（栗子醬）」、「marron paste（栗子醬）」等栗子加工成醬狀的材料（製品），統稱為「栗子（和栗）醬」。此外，以「marron cream（栗子鮮奶油）」、「marron puree（栗子泥）」的名稱販售的產品，直接標示為「栗子鮮奶油」、「栗子泥」。
- 無添加砂糖時，正規標示為「不使用砂糖」，但本書中標示為「無糖」。

pâtisserie gramme

店東兼甜點主廚　三橋 和也

蒙布朗

450日圓／供應期間　全年

三橋和也主廚的蒙布朗，是希望呈現更天然栗子感的簡單甜點。構成的元素少，各有明確的意圖，目的都指向「新鮮美味」這個重點。

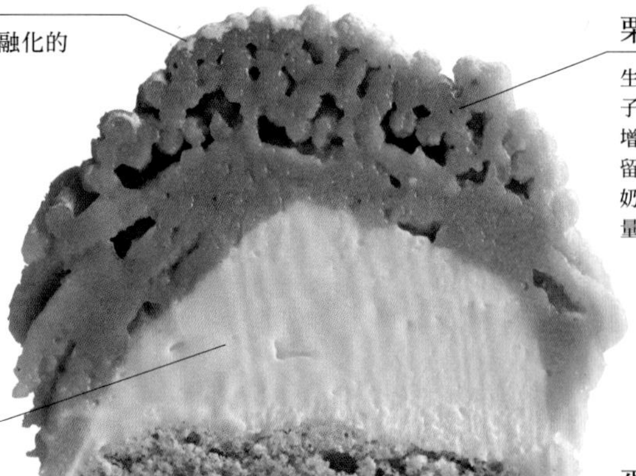

糖粉
使用裝飾用不易融化的防潮糖粉。
栗子鮮奶油
生栗蒸熟後冷凍，再攪碎成為栗子粉，加入現成的栗子醬中，能增添栗子原有的美味。栗子粉保留粉末的顆粒感，不過濾。用鮮奶油和鮮奶調整柔軟度和水份量，再加奶油增添香濃美味。
發泡鮮奶油
為了讓人吃完整顆蒙布朗後也不會感到「甜膩」，其中不加砂糖。使用乳脂肪成分45%，味道濃醇不膩口的鮮奶油。
蛋白餅
蛋白霜中加入杏仁粉製成。加入和栗子同為堅果的素材，使蒙布朗整體呈現一體感。其份量和鮮奶油保持均衡，擠成1～1.5㎝厚以呈現口感，充分烘烤變乾使中央焦糖化。

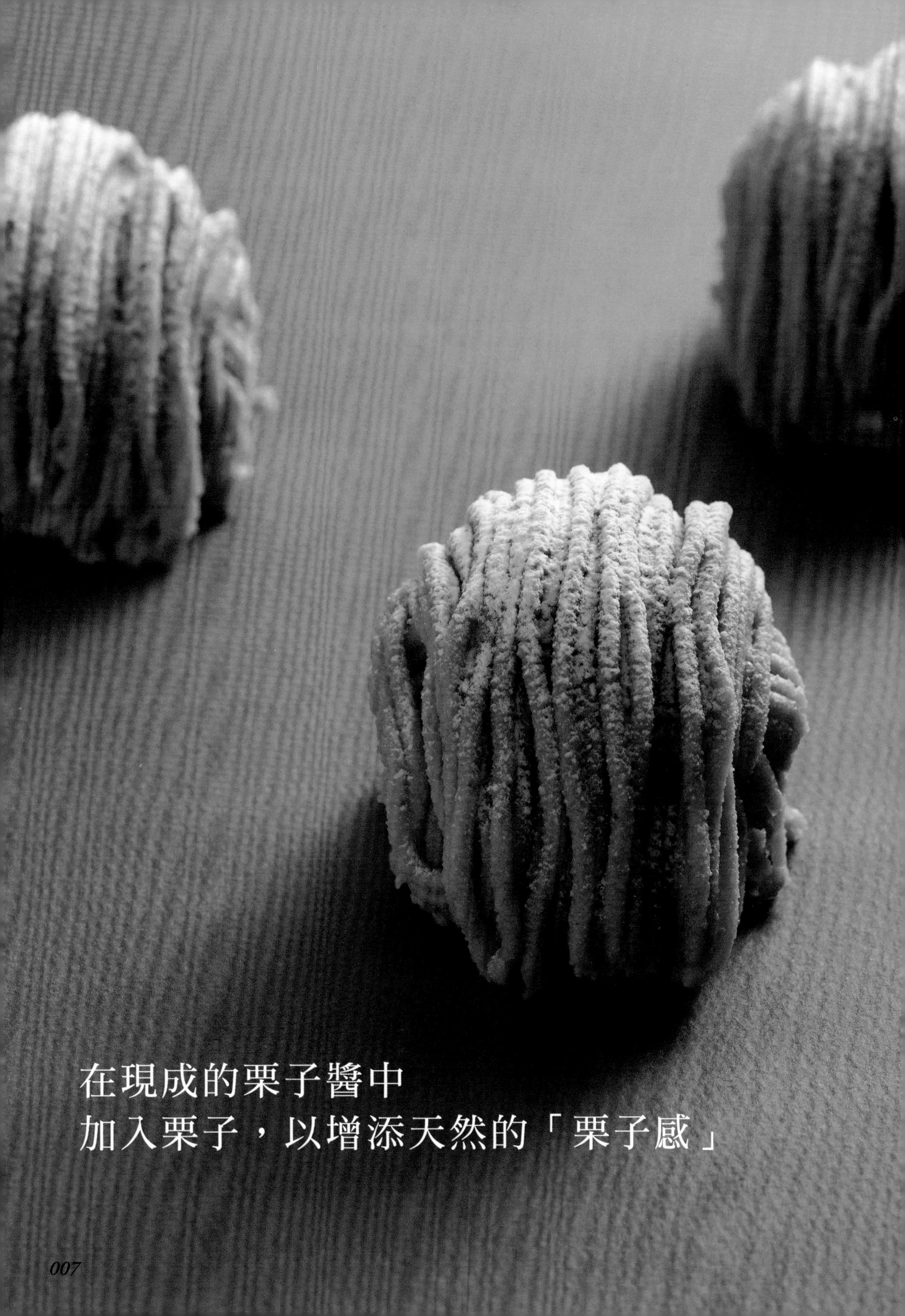

在現成的栗子醬中
加入栗子，以增添天然的「栗子感」

栗子鮮奶油

材料（30個分）

栗子醬（Marron Royal公司） ……… 1000g
整顆栗子（葡萄牙產／Capfruit公司「冷凍去殼栗仁」）……… 333g
無鹽奶油 ……… 95g
45%鮮奶油 ……… 45g
35%鮮奶油 ……… 432g
鮮奶 ……… 135g

圖右為Marron Royal公司生產的栗子醬。在歐洲的栗子製品中，選用這種味道柔和，廣受大眾喜愛的產品。左側是Capfruit公司生產，以葡萄牙產整顆栗子製作的「冷凍去殼栗仁」。

使用生栗是因為它具有現成品欠缺的栗子原味。加入生栗後，法國製栗子醬的味道，就近似日本人熟悉的栗子美味。

1. 將冷凍過的整顆栗子，直接放入有蒸氣功能的對流式烤箱中。在「gramme」是使用Rational製烤箱。以蒸氣模式加熱30分鐘後，放入急速冷卻機（Blast chiller）中，以－40℃急速冷卻。

2. 冷卻後，放入冷凍庫中冷凍保存。為避免風味走失，該店會在3天內使用完畢。

3. 在食物調理機（該店是使用「blixer」）中直接放入冷凍的**2**，以高速攪打。高速攪打不會生熱，食物能打碎又不會融化。攪打成酥鬆的狀態即可。

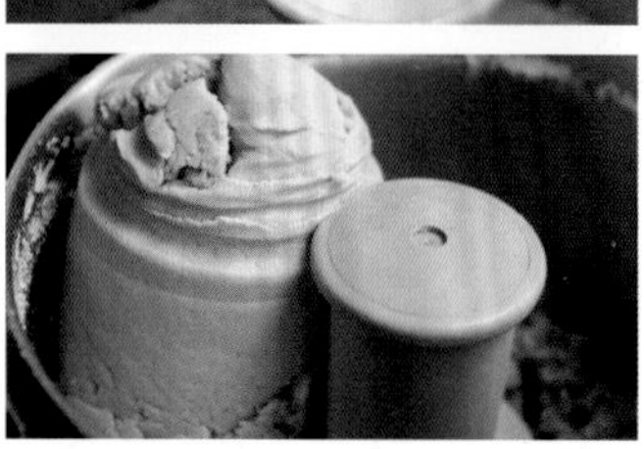

4. 加入栗子醬，以低速攪打。

5. 混合後，加入和**4**軟度相當已變軟的奶油，再以低速攪拌。

6. 將2種鮮奶油和鮮奶混合，加入**5**中。以低速攪拌，直到整體混勻為止。

7. 圖中是混勻的狀態。剛完成味道較淡，裝入密閉容器中，放入冷藏庫一晚讓味道融合。

8. 將靜置一晚的鮮奶油放入食物調理機中，以低速攪拌。因為還有些不均勻，攪拌能充分混勻，並且讓它含有少許空氣，變得柔軟些。再裝入密閉容器中冷藏，直到接到訂單再使用（至隔天中午之前）。

蛋白餅

材料（約55個份）

蛋白	187.5g
白砂糖（A）	22.5g
糖粉	142.5g
白砂糖（B）	75g
杏仁糖粉（tant pour tant）	
糖粉	60g
杏仁粉（※）	60g

※杏仁粉

加州產carmel種和西班牙產Marcona種杏仁粉，以1比1的比例混合。

1. 在直徑5cm的中空圈模中沾上糖粉（份量外），在烤盤（該店使用鐵氟龍加工烤盤）上做圓形記號備用。

2. 用電動攪拌機攪打蛋白。以中高速攪打，稍微發泡後，加入白砂糖（A）。加入這個白砂糖能打發得更好，氣泡更穩定。

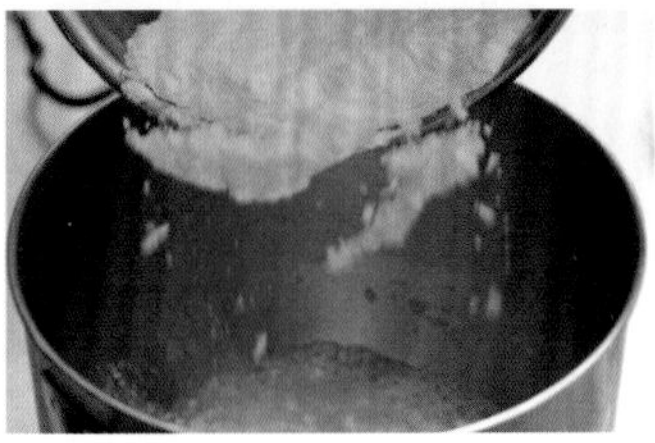

3. 用電動攪拌機以高速再攪打。發泡至上圖的狀態後，加入糖粉。

4. 以高速再攪打。這裡的製作重點是要充分打發蛋白霜。打發到蛋白霜質地細緻，前端尖角能豎起的硬度為止。

5. 加入白砂糖（B），用橡皮刮刀混合讓整體融合。

6. 在使用之前，才用電動攪拌機混合糖粉和杏仁粉製成杏仁糖粉，以呈現最佳風味，再加入**5**中。

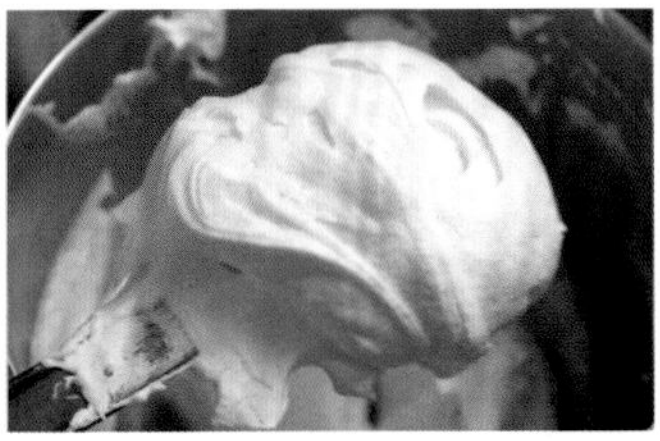

7. 用橡皮刮刀混合。杏仁的油脂成分會使蛋白的氣泡膨起，只需如切割般混合即可。

8. 在裝了圓形擠花嘴的擠花袋中裝入**7**，在**1**的烤盤上擠出直徑5cm的圓形。擠成約1～1.5cm的厚度。

9. 放入130℃的對流式烤箱中，打開風門約烤1個半小時。

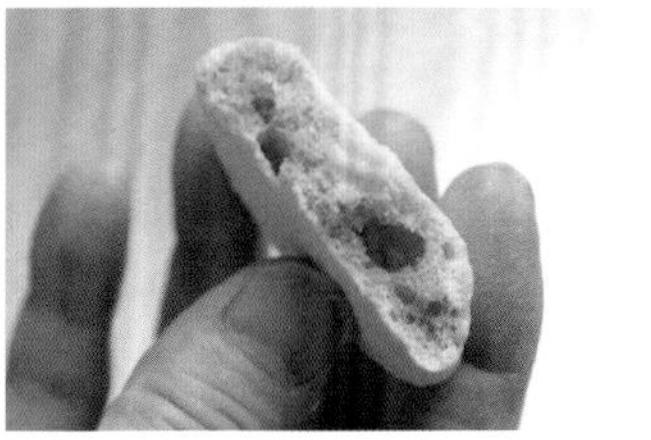

10. 烤到中心焦糖化為止。確認中央是否已烤成褐色。放涼，裝入密閉容器中保存。

組合及裝飾

材料

糖粉（飾用糖粉〔poudre d' ecor〕）……適量

1. 在蛋白餅上放上發泡鮮奶油。用抹刀修整成高3㎝的山型。製作重點是不使用擠花袋。鮮奶油光通過擠花嘴都容易產生變化，而且用擠花袋作業，容易傳導手的溫度。因此用抹刀迅速作業，讓鮮奶油保持最佳狀態。

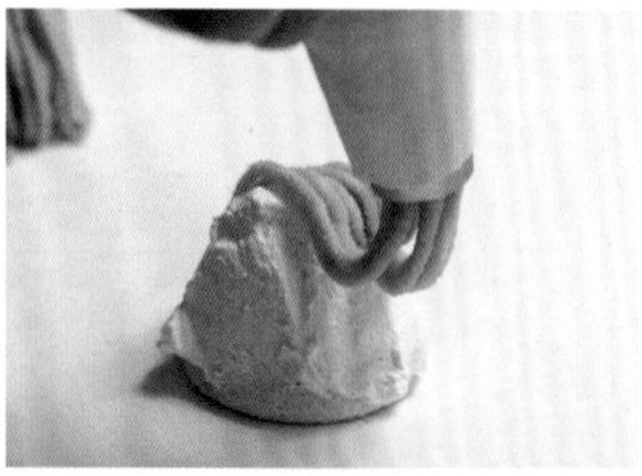

2. 在裝上蒙布朗擠花嘴的擠花袋上裝入栗子鮮奶油，擠到發泡鮮奶油上，橫向來回擠2次。

3. 縱向來回擠3次半。為避免擠出的量差異太大，擠的次數共計來回5次半。

4. 用抹刀切齊邊緣的栗子鮮奶油，修整外型。

5. 撒上糖粉做裝飾。

發泡鮮奶油（crème fouettée）

材料

45%鮮奶油 ……適量

1. 鮮奶油用電動攪拌機以高速充分攪打至九～十分發泡的程度。

在栗子醬中加入栗子製成鮮奶油

「Pâtisserie gramme」開店後，接受當地電視台的採訪，蒙布朗很快地一躍成名。「我很感謝大家，不過只有蒙布朗受到注目，我感覺有點可惜」三橋和也主廚回顧當時的情形。該店的蒙布朗受到顧客喜愛，雖然全年製作，但它並不會經常放在展示櫃裡，原則上是收到點單後才組裝。而且放在櫃裡超過一個小時便下架。因為細柔的栗子鮮奶油的新鮮度比什麼都重要，而且主廚希望顧客還能同時享受蛋白餅的酥鬆口感。

　三橋主廚製作的蒙布朗，首重忠實呈現栗子的美味。構成部分包括栗子鮮奶油、發泡鮮奶油和蛋白餅。在如此簡單的構成下，鮮奶油與蛋白餅之間，不論是味道或口感上的平衡，都成為「勝負」的關鍵。

　栗子鮮奶油中不使用和栗。主廚表示，一開始我就不想在法國甜點中摻雜日式素材的味道。他選用歐洲栗子製品中，風味較柔和的Marron Royal公司製的栗子醬，裡面再混入生栗子。在現成的栗子醬產品中，混入現成的栗子鮮奶油等產品，仍會呈現成產品的味道。不過如果加入新鮮的栗子，不但能呈現「栗子感」，而且新鮮栗子沒有添加砂糖或香味，也容易調整自己的配方。現在，主廚是使用葡萄牙產的冷凍去殼栗仁。冷凍品的話全年都可購得，是方便運用的全年商品。

　混合栗子的方法上，雖然也可以先製成泥再混合，但是完成時變得過度均勻。三橋主廚的方法是，將栗子蒸烤、冷凍，再粉碎。他先以蒸氣對流式烤箱加熱栗子。以蒸氣模式先將栗子蒸成蒸栗狀態。接著，放入急速冷卻機中，以負40℃的溫度急速冷卻。急速冷卻機不會使食材變乾，無損食材的風味。等栗子涼了之後，放入冷凍庫結凍，再用「食物調理機（blixer）」攪打粉碎。這種食物調理機的特殊形狀刀刃能夠高速旋轉，在短時間內便能將冷凍狀態的栗子打成均勻的粉末，不會產生高熱使栗子粉融化，打好的粉末多少殘留粗糙的顆粒，讓人能感受到栗子感。將這個粉末與栗子醬混合，加入奶油增添濃郁風味，再混合鮮奶油和鮮奶。

　鮮奶油不打發。打發的話因含有空氣，味道的衝擊感降低，基於風味所需，不打發直接使用。使用兩種鮮奶油為的是添加適度的濃郁風味。只有鮮奶油的話遇冷會變硬，加入作為水分的鮮奶調和後，口感會變柔軟。該店的蒙布朗希望老少咸宜，因此不加酒。

　做好的栗子鮮奶油靜置一晚，隔天混拌均勻、變軟後再使用。

以充分打發質地細緻的蛋白餅作為底座

　蛋白霜中加入杏仁糖粉，這麼做除了增添香味外，同時加入和栗子同為堅果的杏仁，蒙布朗會更有整體感。杏仁粉使用苦味少的Carmel種，以及香味濃郁的Marcona種，兩種以等比例混合，使用前以電動攪拌機混合來突顯風味。蛋白經過充分打發，質地變細緻後再加入杏仁糖粉中。蛋白餅的製作重點是，打發階段在蛋白中加入砂糖使其融合，若能充分融合砂糖，質地會更細緻，烘烤約一個半小時使中央焦糖化。這樣即使蛋白餅稍微吸收水分，也能和變成飴狀的糖分的酥脆口感完美融合。

　發泡鮮奶油是採用味道濃醇，風味不亞於栗子鮮奶油和蛋白餅的45%鮮奶油，打發至九～十分發泡的程度。不論是手的溫度或通過擠花嘴時，都會使發泡鮮奶油的口感產生變化，所以主廚不用擠花袋擠製，而用抹刀將鮮奶油直接抹到蛋白餅上。雖然是目測份量，不過大約比擠製次數固定的栗子鮮奶油份量稍微少一些。因為要憑感覺來維持份量的均衡，所以這項作業不假員工之手，全由三橋主廚完成後提供。

Delicius

甜點主廚 **長岡 末治**

和栗蒙布朗

450日圓／供應期間10～3月

遍訪世界尋找優良素材的長岡末治主廚，在蒙布朗中使用當地生產的名栗。難得好栗子就在附近，主廚從生栗開始製作，使蒙布朗整體如鮮奶油般柔軟。

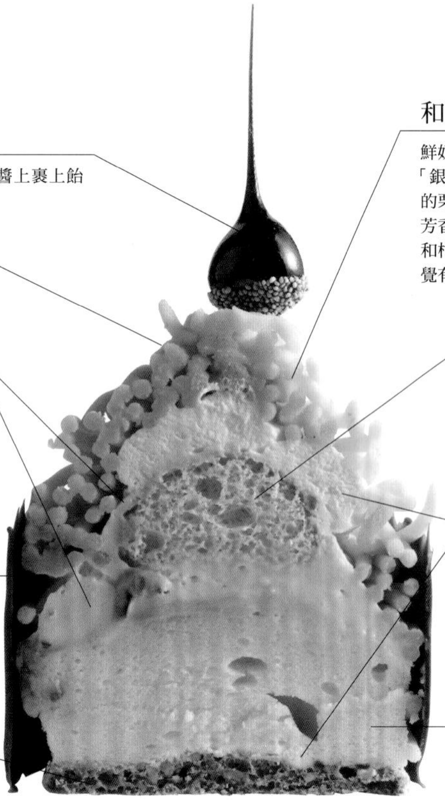

栗子裝飾

在捏成栗子狀的栗子醬上裹上飴糖，再裝飾上罌粟籽。

糖粉

使用不易融化的防潮糖粉。

女士鮮奶油

在迪普洛曼鮮奶油（creme diplomat）中加入切小丁的澀皮栗甘煮，再加柑曼怡香橙干邑甜酒增加香味。加入少量吉利丁除了提高保形性，還有防止蛋白質和水分分離的作用。

巧克力裝飾

甜巧克力煮融抹成薄片，用刀如鋸一般切下。將切下的巧克力片捲在舒芙蕾的周圍，還具有預防乾燥的效果。

榛果蛋白餅

烤過的榛果弄碎，混入蛋白霜中稍微烘烤。運用堅果的香味和口感增加特色。

和栗蒙布朗鮮奶油

鮮奶油中使用大阪府能勢町原產的和栗「銀寄」，從生栗開始糖漬、過濾自製成的栗子醬。先用奶油炒香栗泥，使它更芳香、鬆軟。再加入法國製栗子鮮奶油和柑曼怡香橙干邑甜酒，讓「和風」感覺有「西洋味」。

蛋糕

裡面夾入質地略粗的蛋糕，以吸收鮮奶油的濕氣。同時蛋糕也會更柔軟，使口感與鮮奶油融為一體，不會感到不協調。

香堤鮮奶油

這是加糖6%的香堤鮮奶油。擠在女士鮮奶油上面，讓蒙布朗高度略高。底座上也擠上少量，也能用來連結榛果蛋白餅和舒芙蕾。

舒芙蕾

用奶油拌炒低筋麵粉，加入鮮奶製成白醬，加入蛋黃和攪打至九分發泡的蛋白霜，倒入模型中隔水烘烤。蛋的風味濃厚，質地細緻柔軟。

不同口味的蒙布朗

Chataigne

→P158

以生栗自製鮮奶油
最大限度活用和栗的美味

舒芙蕾

材料（70個份）

蛋黃……8個份
蛋白霜
　蛋白……8個份
　白砂糖……240g
白醬
　低筋麵粉……240g
　無鹽奶油……240g
　鮮奶……800g
蘭姆酒（或柑曼怡香橙干邑甜酒〔Grand Marnier〕）……26g
香草精……適量

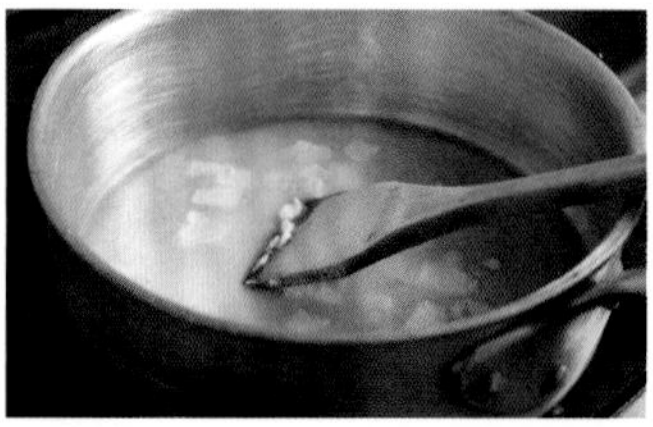

1. 製作白醬。在鍋裡放入奶油，以小火煮融。

2. 加入低筋麵粉，用木杓混拌至無粉末顆粒為止。

3. 慢慢加入鮮奶混合，中途熄火以免水分蒸發變硬。

蛋糕

材料（70個份）

蛋白霜
　蛋白……7個份
　白砂糖……160g
蛋黃……7個份
低筋麵粉……170g
玉米粉……25g
糖粉……適量

1. 將蛋白和白砂糖混合，用電動攪拌機充分攪打至尖端能豎起的發泡程度。

2. 蛋黃用網篩過濾後，加入**1**中混合。

3. 低筋麵粉和玉米粉混合過篩，加入**2**中混合。

4. 在裝上8號圓形擠花嘴的擠花袋中裝入**3**，擠成馬卡龍形狀，大小比烤好後的直徑3㎝還小一圈，撒上糖粉。

5. 將**4**放入210℃的對流式烤箱中，烘烤12分鐘。

榛果蛋白餅

材料（90個份）

蛋白霜
　蛋白……133g
　白砂糖……208g
榛果（烤過）……260g
香草油……適量

1. 蛋白和白砂糖混合，隔水加熱，用電動攪拌機攪打至十分發泡。

2. 在**1**中加入弄碎的榛果和少量香草油，用橡皮刮刀混合。

3. 在裝了4號圓形擠花嘴的擠花袋中裝入**2**，在鋪了烤焙紙的烤盤上，擠上直徑7㎝薄圓片。

4. 將**3**放入150℃的對流式烤箱中烘烤20分鐘。

香堤鮮奶油

材料（備用量）

36%鮮奶油……1000㎖
白砂糖……60g

1. 鮮奶油中加入白砂糖，充分攪打至十分發泡。

4. 硬度和另外作業的**9**的蛋白霜差不多。這個階段如果太軟，無法和蛋白霜好好混合，這點請注意。

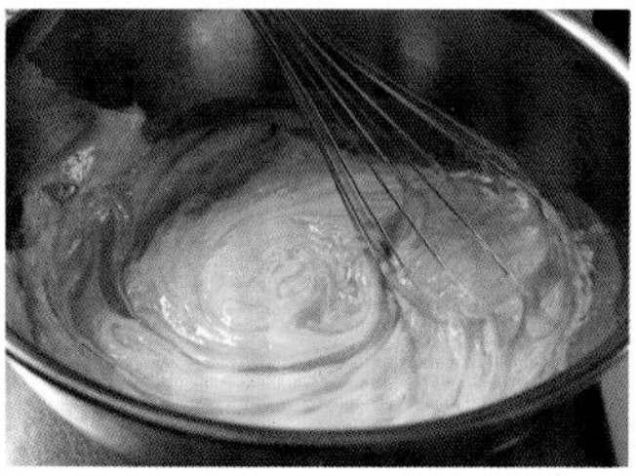

5. 將**4**的白醬倒入鋼盆中，加入蛋黃混勻。

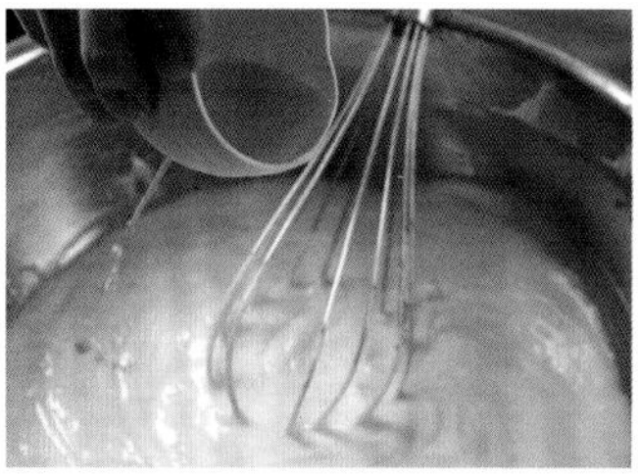

6. 加入少量蘭姆酒和香草精再混勻。

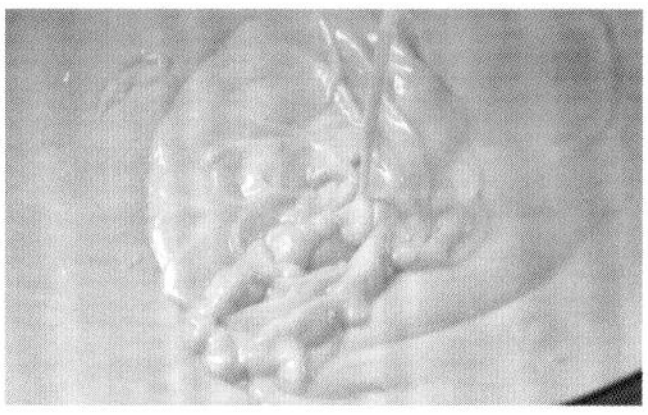

7. 濃度大約是從上方滴落會在表面堆積的程度。最好別太稀軟。

8. 製作蛋白霜。蛋白霜的完成時間要和**7**一致，請計算時間進行。蛋白用電動攪拌機以中速攪打，加入白砂糖，但保留少量作為裝飾用，剩餘的分3～4次（一次加入氣泡會變粗）加入。中途，一面視情況採用高速和中速，一面攪打使泡沫變細緻。

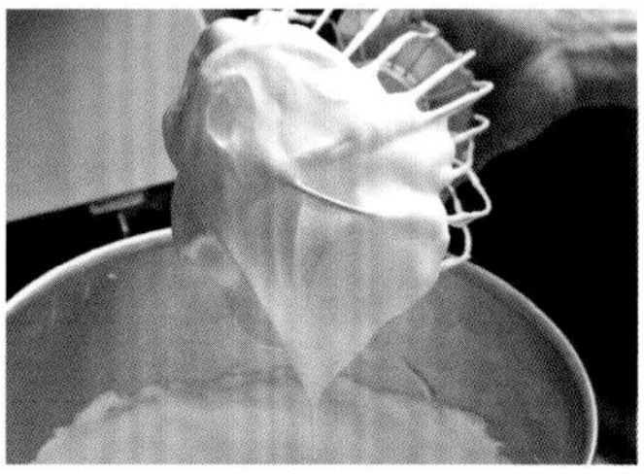

9. 大約攪打至九分發泡，加入保留的裝飾用白砂糖，以中速攪打調整氣泡細緻度。過度攪打烘烤後會扁塌，這點請注意。

10. 在**7**的白醬中加入**9**的蛋白霜。最初使用打蛋器混合。

11. 大致混勻後換用橡皮刮刀，如同從底部舀取般混合。

12. 烤盤上鋪上烤焙墊，排入直徑7㎝×高2.5㎝的紙烤杯，倒入**11**約至七分滿。

13. 在烤盤中倒入水約至五分滿。

14. 放入140℃的烤箱中烘烤6分鐘。

15. 烘烤完成。放在烤杯裡放涼讓蛋糕味道融合。

和栗蒙布朗鮮奶油

材料（30個份）

糖漬和栗泥（參照「糖漬和栗泥」）…… 1000g
栗子鮮奶油（法國製）…… 660g
無鹽奶油 …… 30g
香草精 …… 適量
柑曼怡香橙干邑甜酒 …… 適量

1. 在鍋裡放入奶油加熱，炒到糖漬和栗泥散出香味。

2. 放入方形淺鋼盤中讓栗泥變涼些。蓋上保鮮膜，放入冷凍庫或冷藏庫冰涼。

3. 在冰涼的**2**中，慢慢加入栗子鮮奶油，用橡皮刮刀混拌。

糖漬和栗泥

材料（備用量）

生和栗（大阪府能勢町產／銀寄）…… 去鬼皮20kg
梔子的果實 …… 適量
糖漿
- 水 …… 適量
- 白砂糖 …… 相對1ℓ的水加400g

香草棒 …… 適量

1. 栗子仔細去除澀皮，水洗後備用。在鍋裡放入栗子和梔子的果實，加入能蓋住材料的水，開火加熱。

2. 用水煮沸3次（煮沸後倒掉熱水，換新水再煮沸）。

3. 再次加入新水開火加熱，煮沸後轉中火，一直煮到栗子變軟。

4. 煮到用竹籤能刺穿的軟度，離火，倒掉熱水。

5. 相對於水1ℓ加白砂糖400g煮融，製作糖漿。

6. 在鍋裡放入**4**煮好的栗子、**5**的糖漿和香草棒，加熱煮沸。煮沸後離火。

7. 浸泡在糖漿中直接自然放涼，涼了之後放入冷藏庫一晚備用。

8. 取出**7**的栗子，用食物調理機攪碎。

9. 用細目網篩過濾**8**。

10. 用保鮮膜包好放入冷凍庫中冷凍保存。使用時冷藏解凍。

女士鮮奶油（madame creme）

材料（70個份）

香堤鮮奶油（36％鮮奶油・加糖6％）…… 1350g
卡士達醬（※）…… 700g
吉利丁片 …… 8g
澀皮栗甘煮（法國產）…… 250g
柑曼怡香橙干邑甜酒 …… 適量
香草精 …… 適量

※卡士達醬（備用量）
鮮奶 …… 1000㎖
蛋黃 …… 300g
白砂糖 …… 250g
卡士達醬粉（poudre a creme）…… 30g
低筋麵粉 …… 30g
玉米粉 …… 30g
無鹽奶油 …… 20g

1. 在鋼盆中放入蛋黃和白砂糖，攪打成乳脂狀。
2. 卡士達醬粉、低筋麵粉和玉米粉混合過篩，加入1中再混合。
3. 煮沸的鮮奶慢慢地加入2中混合。
4. 倒入銅鍋中，煮沸讓它變黏稠，加入奶油。
5. 急速冷卻，再放入冷藏庫中保存。

1. 澀皮栗甘煮切成5㎜的小丁，加入柑曼怡香橙干邑甜酒混合備用。

2. 用水（份量外）泡軟的吉利丁加熱煮融，從備量的卡士達醬中取少量加入其中混合。

3. 在卡士達醬中加入2，用打蛋器混合。

4. 分數次加入攪打至十分發泡的香堤鮮奶油，用橡皮刮刀混合。加入少量香草精。

5. 加入1混合。

4. 加入柑曼怡香橙干邑甜酒混勻。

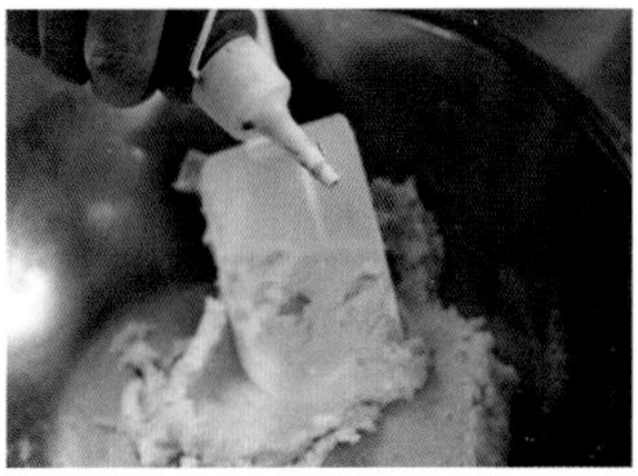

5. 加入少量香草精混勻。

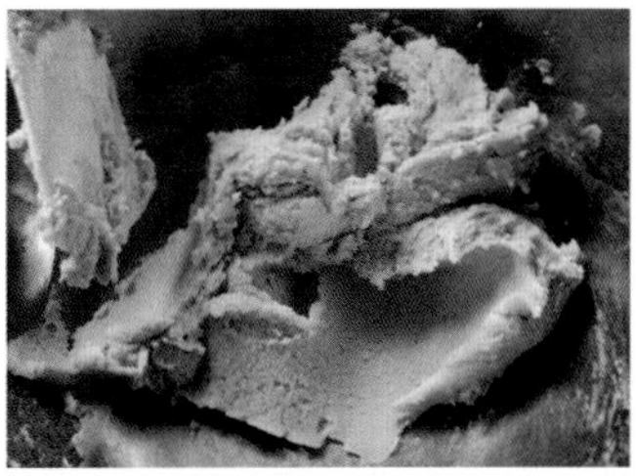

6. 試試味道和軟硬度，若有需要用糖漿（份量外）調整。太硬較難擠出，糖漿加太多會太甜，調整時請留意。

7. 用網篩過濾。

組合及裝飾

材料

巧克力（調溫巧克力）……………適量
栗子裝飾（※1）……………………適量
糖粉（飾用糖粉）……………………適量
金箔…………………………………………適量

※1 栗子裝飾
將捏成栗子形狀的栗子醬乾燥一晚，用竹籤刺著放入熬煮至152℃的飴糖（※2）中，取出吊著讓糖凝固。拿掉竹籤，在栗子底部沾上淋面用巧克力，再沾上罌粟籽。

※2 飴糖的配方

砂糖	700g
水	210g
水飴	200g
可可粉	40g

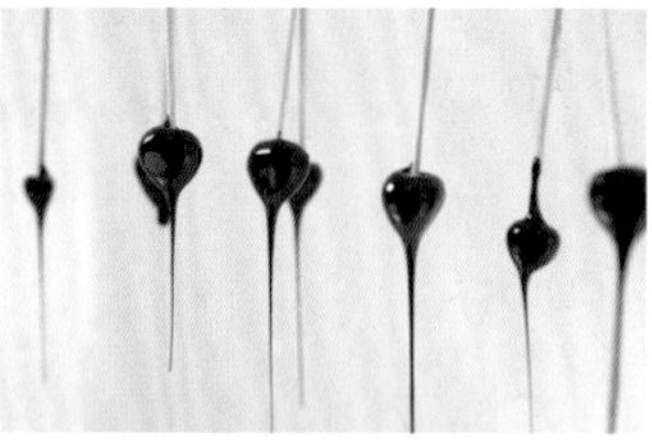

1. 在榛果蛋白餅上擠上少量香堤鮮奶油，再放上舒芙蕾。

2. 用裝了圓形擠花嘴的擠花袋，在上面擠上女士鮮奶油。

3. 放上蛋糕。

4. 再次擠上女士鮮奶油。

5. 用抹刀抹開女士鮮奶油覆蓋蛋糕，形成山型。

6. 香堤鮮奶油擠成直徑約3㎝的螺旋狀。

7. 用裝上蒙布朗擠花嘴的擠花袋，擠上和栗蒙布朗鮮奶油。從舒芙蕾上呈螺旋狀擠上覆蓋。最後平均施力，別讓鮮奶油斷掉。

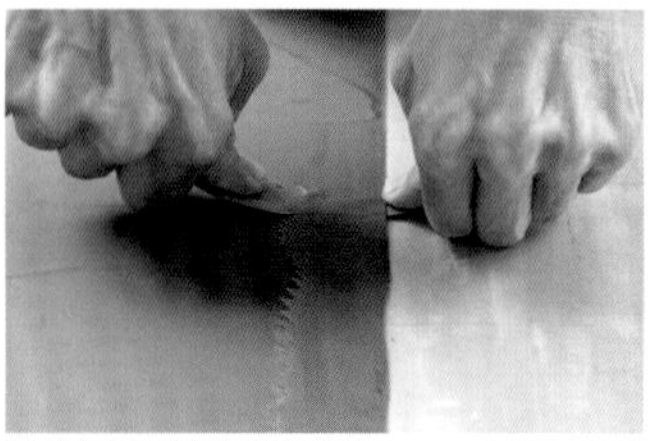

8. 將巧克力調溫，延展成薄片。凝固的狀態下用刀從邊端刮下。

9. 在周圍貼上**8**，撒上糖粉，上面裝飾上1個栗子裝飾和金箔。

以當地生產的栗子製作蒙布朗鮮奶油

長岡末治主廚製作甜點時，最重視活用素材。因此，在尋找優質素材上他也投注相當大的心力。

製作蒙布朗時，他選用當地產的「銀寄」栗。這種原產於大阪能勢町的栗子也稱為「能勢栗」，具有悠久的歷史。它也是丹波栗的代表性品種，顆粒大、味道甜，風味極佳。長岡主廚表示，「難得本地有這種好栗子，因為容易購得，我就像使用草莓或蘋果一樣，從生栗開始處理，充分活用它的美味」，秋季時該店員工總動員，自製糖漬和栗。蒙布朗鮮奶油就是用這個糖漬和栗製作。雖然作業很辛苦，但主廚表示「有種栗子樹的人，才能長出栗子，我們再用栗子製作甜點……過程中發生的故事都是甜點的一部分」。

和栗購入時已去除鬼皮，一個季節要使用５００公斤。糖漬和栗一次要處理20多公斤。栗子容易腐壞，所以必須在三天內完成作業。

栗子去澀皮後用水煮沸三次，去除澀味，之後倒掉水換新水加入糖漿煮沸一下後，立即離火，直接放涼冷藏一晚備用。為了活用素材的原味，雖然不加入多餘的糖分比較好，但是糖少容易腐敗，得冷凍保存。不過不是整顆冷凍，而是先靜置一晚讓甜味充分滲入栗子裡，隔天以細目網篩過濾成栗子泥後再冷凍。這樣製作鮮奶油時才方便使用。用網篩過濾後直接以保鮮膜包好，放入冷凍庫中。使用時先冷藏解凍，解凍後兩天以內要使用完畢。

和栗蒙布朗鮮奶油在使用當天的早晨製作。為了突顯冷凍備用的糖漬和栗泥的鬆軟口感和香味，長岡主廚採取奶油香炒的方法。炒過的栗泥，不僅更香，還能蒸發多餘的水分。而且用奶油炒過，味道更圓潤。這是原本想當料理師傅的長岡主廚特有的創意作法，簡直就像做菜一樣。將栗泥冰涼後，加入法國製栗子鮮奶油和柑曼怡香橙干邑甜酒，製成蒙布朗鮮奶油。加入洋栗鮮奶油與洋酒，栗子從日式轉變為西式，蒙布朗也變成了西式甜點。但是，畢竟和栗還是主角。因此配方的比例是和栗３、洋栗２。增添香味時，主廚也是選擇感覺與和栗比較對味的柑曼怡香橙干邑甜酒。混合時，不使用電動攪拌機，直接手工作業，以免裡面含有空氣。再用網篩過濾，就完成口感細滑、美味濃縮的鮮奶油了。

使用和、洋兩種栗子透過冷凍熟成展現最佳風味

主廚覺得和栗蒙布朗鮮奶油，最好也統一呈現日本人喜愛的柔軟口感，為了讓顧客感覺蒙布朗整體如鮮奶油一般，每個組成部分都製作得很柔軟。

首先，主廚採用該店的人氣商品「蛋捲」的舒芙蕾麵糊。他開發出在麵粉製作的白醬中，融入砂糖製作的蛋白霜的方法，完成了超級濕潤、柔軟，質地又細緻的舒芙蕾。主廚使用從三重縣訂購的放飼雞所生的蛋，舒芙蕾也完美地展現蛋的濃郁風味。

在舒芙蕾和蒙布朗鮮奶油之間，還夾入女士鮮奶油和蛋糕。女士鮮奶油是迪普洛曼鮮奶油（註：香堤鮮奶油＋卡士達醬）中，加入用蘭姆酒增加香味的澀皮栗甘煮。為了防止鮮奶油的蛋白質和水分離，以及保持外型，其中加入少量吉利丁。在女士鮮奶油中又夾入蛋糕，能夠有效吸收鮮奶油的水分。蛋糕本身也會變軟，因此能和鮮奶油的口感融為一體。

通常，這道甜點是以盛在杯中的舒芙蕾、女士鮮奶油、蛋糕和蒙布朗鮮奶油構成，不過偶爾會像這次刊載的圖片那樣，以加了榛果的薄薄蛋白餅強化堅果的香味與口感，並加上裝飾。不斷追求「製作更美味甜點」的長岡主廚，每天都湧現各種創意。他表示「設計可以隨心所欲，但味道絕對要美味」。

Pâtisserie mont plus

甜點主廚　林　周平

蒙布朗

530日圓／供應期間10月～2月

這個蒙布朗最大的特色是組合柳橙。為了直接呈現柳橙的風味，不使用新鮮水果，而使用君度橙酒。主廚設計能夠冷凍的配方，在銷售面上也下了一番工夫。

烤栗
這是表面加上烤色，再用果凍膠增加光澤的裝飾用栗子。為了不影響蒙布朗主體的味道，選用風格不明顯的栗子。
糖粉
兼用糖粉和裝飾用的糖粉。為了保持狀態使用裝飾用糖粉較佳，但因為它略呈黃色，所以上面再撒上一層普通的糖粉修飾變白。
栗子鮮奶油
在栗子醬中加入奶油成為融口性佳的栗子鮮奶油。栗子醬是用四國愛媛縣產的鬆軟和栗醬，和法國Imbert公司產的栗子醬，以等比例混合製作而成。
香堤鮮奶油
減少砂糖整體能感到有油脂，更能突顯甜度。份量比香橙卡士達醬略少，更美味均衡。
香橙卡士達醬
這是加入和栗醬，柳橙風味的卡士達醬。主廚以濃縮君度橙酒增添清爽、喉韻佳的柳橙風味，不會讓人覺得太甜。同時還活用和栗的顆粒感。
栗子塔
法式甜塔皮＋
栗子杏仁鮮奶油
塔皮盛入加了栗子醬的杏仁鮮奶油餡烘烤成塔。杏仁鮮奶油是不加麵粉的原味。之後刷上大量的君度橙酒糖漿，增添柳橙的風味。

栗子和柳橙組合
風味清爽的蒙布朗

香橙卡士達醬

材料（45個份）

卡士達醬（※）……500g
和栗醬（愛媛縣產／米田青果食品「King栗子醬　西洋風味」）……70g
濃縮君度橙酒……4㎖

※卡士達醬（備用量）

鮮奶……1000g
白砂糖……75g
香草棒……1又½根
蛋黃……300g
白砂糖……125g
高筋麵粉……55g
低筋麵粉……45g
無鹽奶油……50g

1. 在銅鍋裡加入鮮奶、白砂糖（75g）和弄裂的香草棒，加熱。
2. 在鋼盆中放入蛋黃、白砂糖（125g）攪打成乳脂狀，加入混合過篩備用的高筋麵粉和低筋麵粉，用打蛋器混勻。
3. 從**1**中剔除香草棒，將½量一面慢慢地加入**2**中，一面混合，立刻用網篩過濾，剩餘的**1**一面加入再次煮沸的**2**中，一面用打蛋器混拌。
4. 一面加熱，一面繼續混拌，攪拌變柔軟的瞬間，離火，混入奶油，立刻冷卻。

栗子塔

1. 製作栗子杏仁鮮奶油。栗子醬用電動攪拌機攪打，讓它變得和杏仁鮮奶油差不多柔軟，加入杏仁鮮奶油混勻（兩種材料的硬度接近，才不易形成顆粒）。

2. 以低速短時間混拌。混拌太久產生的熱度會使杏仁出油。此外，含有太多空氣，烘烤時容易膨脹，餡料本身會變得乾澀不可口，這點須注意。

3. 法式甜塔皮擀成2～2.5㎜厚，鋪入小舟形模型中，戳洞備用。用裝了圓形擠花嘴的擠花袋，擠入栗子杏仁鮮奶油，放入170～180℃的烤箱中烤20～25分鐘，烤到稍微上色即可。

4. 趁熱刷上君度橙酒糖漿，讓酒大量滲入。

材料（長徑10㎝×寬2.5㎝×高1.5㎝的小舟形模型45個份）

法式甜塔皮（pate sucree）（※1）……1400g
栗子杏仁鮮奶油
- 杏仁鮮奶油（※2）……1000g
- 栗子醬（Imbert公司）……333g

君度橙酒糖漿（※3）……適量

※1 法式甜塔皮（備用量）

無鹽奶油……1500g
糖粉……940g
全蛋……470g
杏仁粉……380g
低筋麵粉……2500g
泡打粉……12g

1. 冰冷的奶油用擀麵棍敲打使厚度均勻，放入攪拌缸中，分5～6次加入糖粉，以低速混拌。
2. 打散的全蛋分5～6次加入混合，再加杏仁粉混勻。
3. 已混合過篩的低筋麵粉和泡打粉，分2～3次加入其中，混合直到幾乎看不到粉末為止。
4. 將**3**取至工作台上，用手掌按壓擴展，讓麵粉和奶油均勻地融合。
5. 揉成團壓平，用保鮮膜包好，放入冷藏庫一晚讓它鬆弛。

※2 杏仁鮮奶油（備用量）

無鹽奶油……1000g
糖粉……800g
全蛋……540g
蛋黃……100g
酸奶油……100g
脫脂奶粉……40g
杏仁粉……1200g

1. 冰冷的奶油用擀麵棍敲打使厚度均勻，用電動攪拌機攪打成乳脂狀。
2. 分5～6次加入糖粉，混勻。
3. 全蛋和蛋黃混合打散，分7～8次加入**2**中，混勻。
4. 一次加入酸奶油和脫脂奶粉，混勻。
5. 分2次加入杏仁粉，混勻。
6. 揉成一團用保鮮膜包好，放入冷藏庫一晚讓它鬆弛。

※3君度橙酒糖漿（配方）

30波美度（baume）糖漿……150㎖
君度橙酒（Cointreau）……100㎖

1. 混合材料。

栗子鮮奶油

材料（35個份）

和栗醬（愛媛縣產／米田青果食品「King栗子醬　西洋風味」…… 500g
栗子醬（Imbert公司）………… 500g
無鹽奶油 ………………………………… 400g
濃縮君度橙酒 ………………………… 84mℓ

栗子鮮奶油是以栗子醬所有量，和其他大約等量的所有材料（奶油和濃縮君度橙酒）混合而成。奶油雖然融口性較佳，但是加太多反而會蓋過和栗的風味。
栗子醬是和栗醬（圖左）和法國製栗子醬，以1比1的比例混合。和栗醬不加砂糖，但法國製栗子醬加糖。使栗子的風味和甜味取得平衡。

1. 先將栗子醬用電動攪拌機（低速）攪拌備用。攪拌變軟後，一面將和栗醬弄散，一面慢慢地加入其中。若不按照順序會結塊，這點須注意。

2. 融合後，慢慢加入用擀麵棍敲打變軟已冰冷的奶油。為避免空氣進入，用低速直接混拌，以最短時間混合。混拌太久升高的溫度會使奶油融化，使融口性變差。

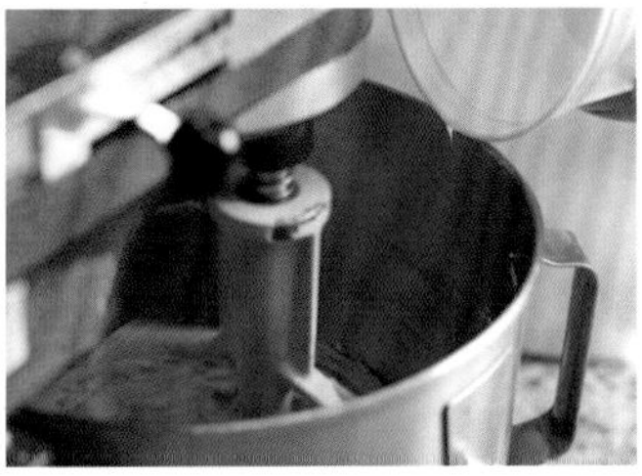

3. 加入濃縮君度橙酒，增加柳橙風味。它比一般的君度橙酒酒精度高，味道較濃，食用後感覺清爽。

4. 混拌至沒有顆粒的細滑狀態，用擠花袋容易擠出的柔軟度。但是，空氣含入太多，味道會變淡，所以混拌至適當硬度就停止。

1. 卡士達醬中加入濃縮君度橙酒。

2. 希望保留和栗的顆粒感，所以和栗醬以外的材料（這裡是濃縮君度橙酒）可以先混合備用。

3. 和栗醬用過濾器過濾備用。為保留和栗的口感，不要弄碎，和栗醬以通過過濾器的形狀，直接拌入香堤鮮奶油中。

4. 混合讓整體均勻分布。混不均雖然不好，但是混合過度又無法感受顆粒感，這點須注意。

3. 放入冷凍庫冷凍一晚以上。靜置一晚讓酒融合，風味更佳。

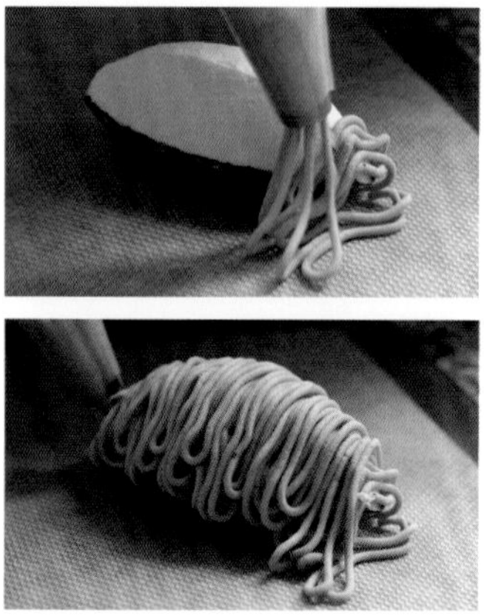

4. 將栗子鮮奶油裝入安裝蒙布朗擠花嘴的擠花袋中，從縱向放置的塔的邊端開始，一口氣擠出鮮奶油覆蓋整體。迅速擠製，鮮奶油才會纖細漂亮。

5. 用抹刀切除垂下的鮮奶油。成為能看見塔的時尚造型。

6. 依序撒上糖粉（飾用糖粉），和一般的糖粉，再裝飾上1顆烤栗。

組合及裝飾

材料

烤栗（※）	適量
糖粉	適量
糖粉（飾用糖粉）	適量

※烤栗

生栗（整顆、冷凍／法國產）	適量
果凍膠	適量

1. 冷凍的生栗放入已開蒸氣的烤箱中烤熟。
2. 表面用瓦斯噴槍烤出焦色，涼了之後，塗上果凍膠增加光澤。

1. 栗子塔的上面，擠入香橙卡士達醬，為呈現高度再重複擠一條。放入冷藏庫或冷凍庫冷卻凝固（方便下個階段較容易薄塗上鮮奶油）。

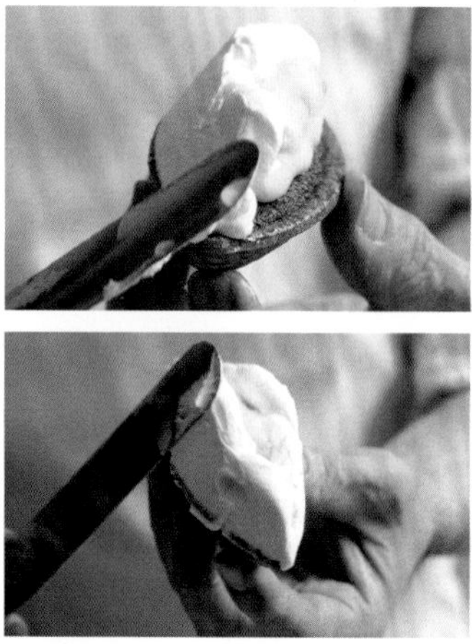

2. 如同用香橙卡士達醬覆蓋一般，放上香堤鮮奶油（1個25～30g），薄薄地塗抹一層。

香堤鮮奶油

材料（35個份）

42%鮮奶油	1000g
白砂糖	80g
香草精	適量

1. 鮮奶油和白砂糖混合，攪打至七分發泡，加入少量香草精即完成。

以塔作為底座 能獲得甜點般的滿足感

日本幾乎所有甜點店都有製作蒙布朗，因為它是大家都很熟悉的甜點，如何在味道、外觀和價格間取得平衡，讓人頗費心思。

「既然如此，我就稍微玩玩花樣吧！」，「mont plus」的林周平主廚製作的是，栗子與柳橙組合的蒙布朗。有許多水果都能搭配栗子，即使在法國栗子和柳橙組合也很罕見，他模仿法國甜點「栗子船型塔（Barquettes marrons）」的美麗外型來製作。

主廚重視的是蛋糕的整體感。為了不讓柳橙的清爽感單獨突顯，以及顧客享用後能留下爽口的印象，各部分都調配君度橙酒。

蒙布朗的構成包括：栗子杏仁鮮奶油塔，上面有融入和栗醬的香橙卡士達醬和香堤鮮奶油，以及使用和、洋兩種栗子的栗子鮮奶油。塔上刷上柳橙利口酒糖漿，鮮奶油中也加入利口酒。

林主廚的蛋白餅雖然有名，但他不用蛋白餅而用塔來作為底座，組合栗子鮮奶油後，比起蛋白餅，塔的風味讓人覺得更清爽，而且吃完後還能獲得如吃甜點般的強烈滿足感。塔是在法式甜塔皮中，擠入揉合法國產栗子醬的杏仁鮮奶油。杏仁鮮奶油未混入麵粉，呈現原來源的風味，製作要訣是勿過度烘烤。烤好的塔趁熱刷上君度橙酒糖漿。

主廚不用新鮮的柳橙汁而用酒來表現風味，是因為圓潤的鮮果汁風味較弱，無法讓人清楚感受。所以他在卡士達醬和栗子鮮奶油中，使用酒精度數更高的濃縮君度橙酒。所有君度橙酒中都帶有少許甜味，但是經過濃縮後變得更濃嗆，吃完後給人一種舒暢清爽感。

使用和、洋兩種栗子 透過冷凍熟成呈現 最佳美味

主廚使用和、洋兩種栗子。組合和、洋栗子的原因是維持風味的平衡。和栗具有栗子的鬆軟風味，但香味不敵奶油等。此外，和栗醬中保留適度的顆粒感，若用手捏塊一下子便鬆散開不發黏。另一方面，歐洲的洋栗醬磨得太細綿，味道讓人感覺太溫和平淡，製成產品（醬）後已加入香草等增加香味，較不容易和其他素材組合。雖然顧客對於日本或西洋栗子各有喜好，但是林主廚將兩者的差異性融合，完成平衡的風味。

杏子鮮奶油中用濃縮君度橙酒添加柳橙的香味，所以洋栗是用香料味淡的法國Imbert公司製的栗子醬。和栗則使用愛媛縣產的栗子醬（米田青果食品製），都限定使用當年最佳時期的產品。而且還加入奶油使融口性更佳。

卡士達醬中混入濾過但保留顆粒感的和栗醬，沒有過度混合能突顯口感。整體平衡上，主廚希望卡士達醬較多，香堤鮮奶油較少，所以擠上卡士達醬，先放入冷凍使它凝固，這樣更方便薄塗上香堤鮮奶油。香堤鮮奶油若過度控制甜味，會讓人感覺太油，所以主廚一般是加８％的糖。

在此狀態下放入冷凍至少一晚備用。「這個配方經過計算，要冷凍熟成才能呈現最佳風味」林主廚如此表示。因為其中加入許多酒，靜置一段時間味道會更融合。早上，擠上杏子鮮奶油，放上烤栗即完成。「在味道上雖然沒必要加上裝飾栗子，不過放上栗子為的是讓顧客一目了然」。若製作得像糖漬栗子般，反而會影響蒙布朗的味道，所以裝飾上「無特色」的栗子。像這樣在栗子上加上烤色的設計，也是林主廚特有的風格。

POIRE

店東兼甜點主廚　**辻井　良樹**

蒙布朗

504日圓／供應期間　全年

以風味高雅而聞名遐邇，在關西一帶擁有許多支持者的「POIRE」，店內有4種蒙布朗。其中獨樹一格的「蒙布朗」是一週製作1000個，匯集店中精華的招牌商品。

栗子醬

活用無澀皮的栗甘煮的黃色製成的栗子醬。加入白巧克力調味，用細目網篩過濾成綿細的口感。栗子一般製作栗子鮮奶油擠成螺旋狀，該店製作薄片包覆整體，使蒙布朗呈現雅緻的風貌。

卡士達醬

這是不加奶油，以蘭姆酒增加香味的「POIRE的卡士達醬」。製作重點是以獨家配方煮至96℃以上製成。黏稠細滑，冷藏凝固後再放上去。

香堤鮮奶油

瑞士卷上面擠上加了5%糖的香堤鮮奶油，讓卡士達醬和瑞士卷的風味相互連結。

瑞士卷

海綿蛋糕＋
香堤鮮奶油（加蘭姆酒）

在加入許多蛋及蜂蜜的配方製成的風味濃郁的海綿蛋糕中，捲包加入5%糖及蘭姆酒製成的香堤鮮奶油，完成了這個瑞士卷。該店將瑞士卷製成名為「POIRE尺寸」的直徑4.9㎝大小。

不同口味的蒙布朗

和栗千層派
→P159

Marone
→P159

和栗蒙布朗
→P159

以栗甘露煮製作的栗子醬
延展成薄片再包成山型

卡士達醬

材料（備用量）

鮮奶……………………………… 1000mℓ
白砂糖 ………………………………250g
蛋黃 …………………………………135g
低筋麵粉 ……………………………45g
玉米粉 ………………………………20g
香草棒（大溪地產有機產品）… ¼根
蘭姆酒（百加得〔Bacardi〕「Gold」）
………………………………………20mℓ

1. 將少量白砂糖放入鮮奶中融化，加入香草棒加熱。在香草棒的豆莢內側有香味的源頭，所以莢和刮出的種子一起加入。

2. 在蛋黃中加入剩餘的白砂糖混合，加入已混合過篩的低筋麵粉和玉米粉混合。

3. 在**2**中加入**1**混合，用網篩過濾加入鍋中，開中火加熱。加熱至96℃以上，讓它充分煮透，不殘留粉粒。

4. 煮好後熄火，加入蘭姆酒。倒入鋼盆中，底下放冰塊讓它急速冷卻。

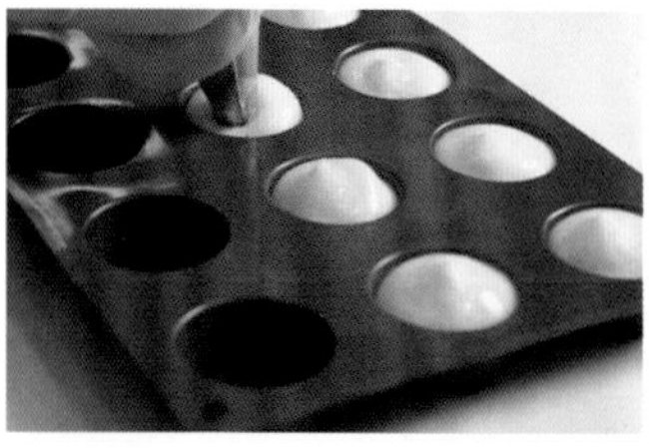

5. 將**4**擠入直徑4㎝×高2㎝的圓筒形不沾模型中，蓋上保鮮膜，放入冷藏庫冷卻凝固。

栗子醬

材料（約400個份）

栗甘煮（碎塊）…………12kg
白巧克力（菲荷林〔Felchlin〕）……………960g
無鹽奶油（雪印乳業「特級奶油」）
………………………………………960g

栗甘煮是使用在製造過程中已弄碎，被稱為碎栗的產品。產地沒設限，以味道為第一考量，依採購的狀況判斷，使用最適合這個蒙布朗的產品。

除了栗子之外，還有融化奶油液（圖右）和白巧克力兩種材料。奶油有助栗子醬延展，還具有提高保濕性的效果。主廚使用低水分的無鹽奶油。白巧克力是使用瑞士老店「菲荷林公司」的調溫巧克力。乳味濃郁，不會太甜。

1. 擦乾栗甘煮的水分，用攪肉機攪碎。

2. 用巧克力融鍋加熱一晚，將融成36℃的白巧克力一面過濾，一面加入融化奶油液中混合。若溫度不控制在40℃以下，巧克力會和融化奶油液分離，這點須注意。

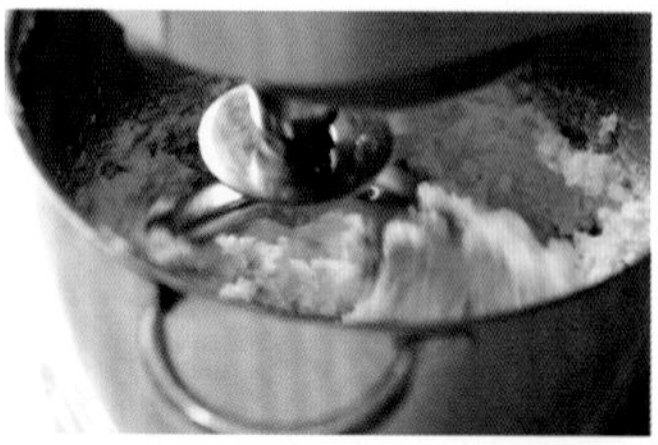

3. 在**1**中加入**2**，用電動攪拌機的中速攪打。充分混拌以免不均勻。不過混拌時間太久會變乾燥，視狀況大約混拌15分鐘為標準。

4. 用60號網目的網篩過濾。

香堤鮮奶油（加蘭姆酒）

材料（14個份）

47%鮮奶油 ······ 100mℓ
白砂糖 ······ 5g
蘭姆酒（百加得「Gold」）······ 10mℓ

1. 在鮮奶油中加入白砂糖，充分攪打至八～九分發泡。

2. 加入蘭姆酒混勻。

香堤鮮奶油

材料（14個份）

47%鮮奶油 ······ 70mℓ
白砂糖 ······ 3.5g

1. 在鮮奶油中加入白砂糖，充分攪打至八～九分發泡。

4. 慢慢加入低筋麵粉，用橡皮刮刀充分混合，讓麵粉和麵團融合。

5. 在熱鮮奶中加入奶油使其融化，一口氣倒入4中，從底部開始混合。

6. 將5倒入鋪了紙的烤盤上，用刮板刮至邊角。底部墊上倒叩（放麵團的烤盤下面，再墊一塊倒叩的烤盤）的烤盤，放入上火180℃、下火160℃的烤箱中，烘烤5分鐘後打開風門，之後約再烤13分鐘（共計約18分鐘）。不時將烤盤上下、左右旋轉換位，以調整受熱度，均勻地烘烤。

7. 烤好後立刻脫模放到工作台上，以釋出裡面的蒸氣。用刀刮開四邊，鋪上紙噴上水，連紙一起倒叩到工作台上。暫放讓蛋糕味道融合。

海綿蛋糕

材料（52㎝x36㎝的烤盤2片份）

全蛋 ······ 520g
蛋黃 ······ 180g
上白糖 ······ 250g
低筋麵粉（日清製粉「Violet」）
······ 250g
蜂蜜 ······ 75g
鮮奶 ······ 110mℓ
無鹽奶油 ······ 110g
香草油 ······ 3g

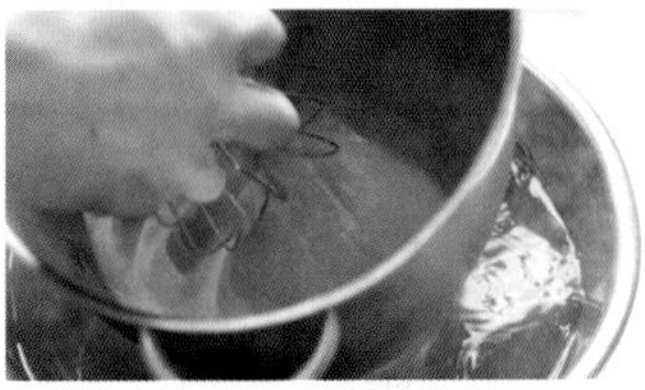

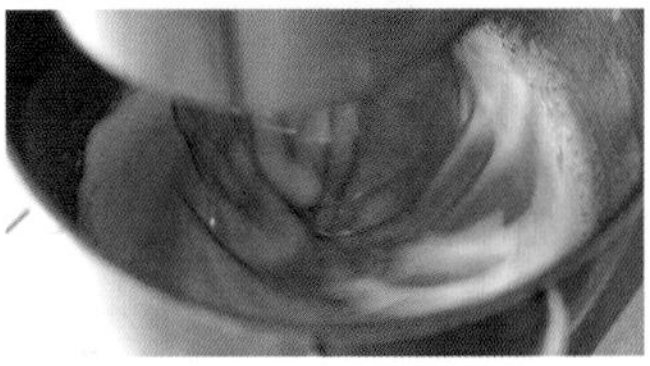

1. 將全蛋、蛋黃和上白糖放入攪拌缸中，隔水攪拌，先用手拿著電動攪拌機將砂糖攪融。接著用攪拌機的中速攪打，起泡後轉高速，再攪打發泡。

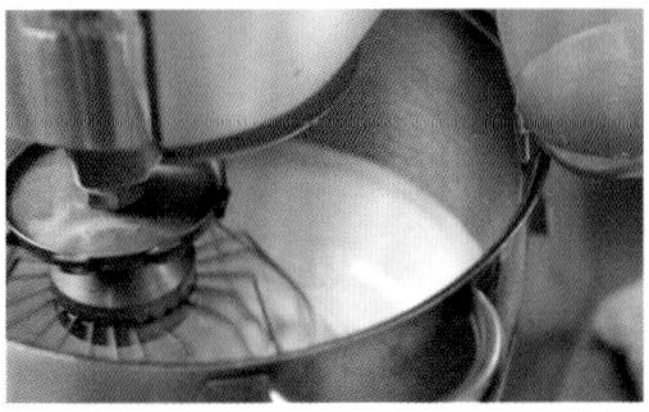

2. 攪打到氣泡變細泛白後，加入蜂蜜（加熱備用較方便加入），接著加入香草油。

3. 打到八分發泡後轉中速，調整質地後停止。

組合及裝飾

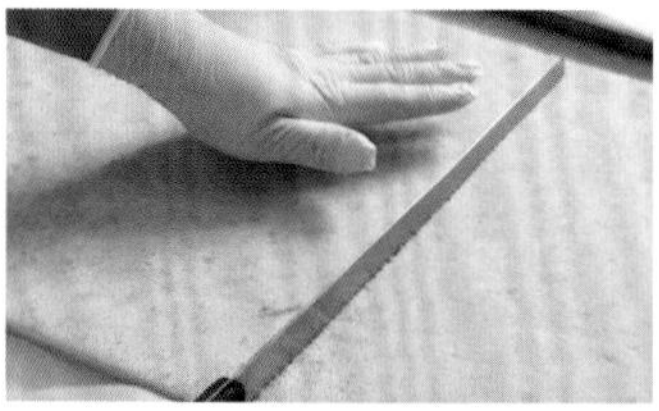

1. 製作瑞士卷。撕掉海綿蛋糕的紙，剔除表面的烤皮。分切成3等份，每一片17cm×36cm的大小。

2. 在紙上放置一片蛋糕，長邊（36cm）的單側邊端如圖示般斜切（為了讓瑞士卷順著曲線捲包到最後）。

3. 上面塗滿香堤鮮奶油（加蘭姆酒），將沒斜切的長邊放在面前，再放上在**2**切下的蛋糕作為芯。

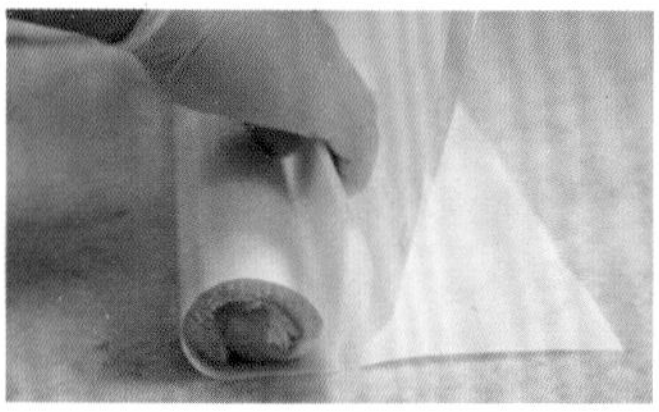

4. 將紙當作捲簾般使用來捲包蛋糕。用紙緊實地捲包後，放入冷藏庫中靜置1小時。

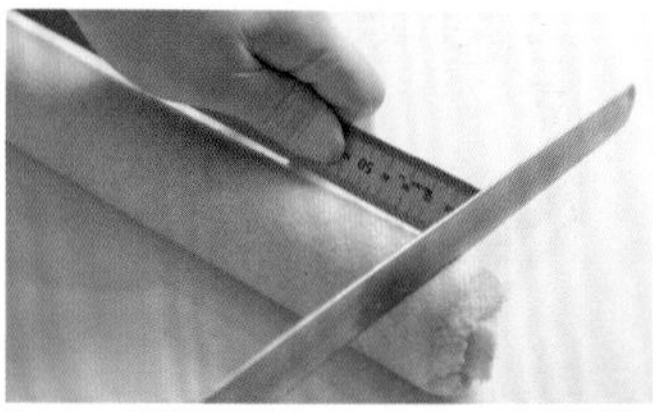

5. 拿掉**4**的紙，兩端稍微切掉一些，每塊間隔2.5cm寬切成14等份。刀子加熱後再切，切得比較漂亮。

6. 瑞士卷的斷面朝上放置。用裝了星形擠花嘴的擠花袋擠上香堤鮮奶油（1個約擠5g）。

7. 將冷藏已凝固的卡士達醬從不沾模中取出，放到**6**上。

8. 將栗子醬放到大理石工作台上。作業時間太長，手的熱度會使奶油和巧克力融化，使栗子醬品質變差，所以要儘快作業。先用手掌揉搓讓它稍微含有空氣。

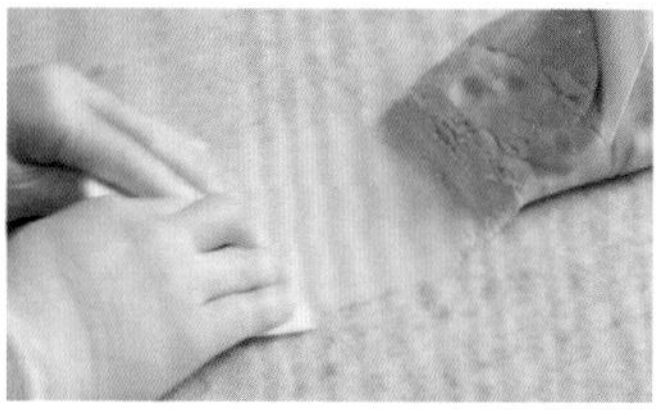

9. 用刮板抹成薄片。這時，慣用手側要多用點力，讓栗子醬有厚薄的差異。

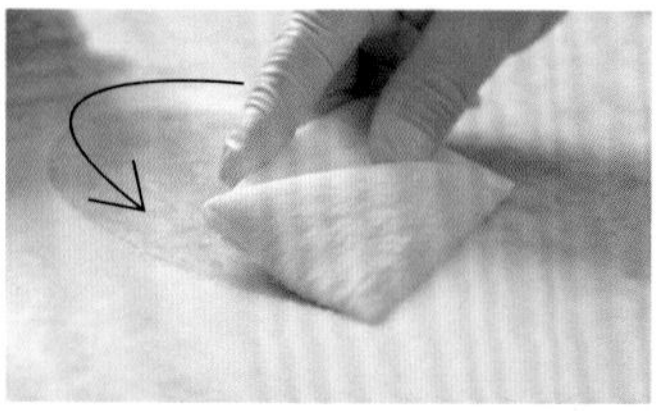

10. 刮板如旋轉般移動，刮取栗子醬。

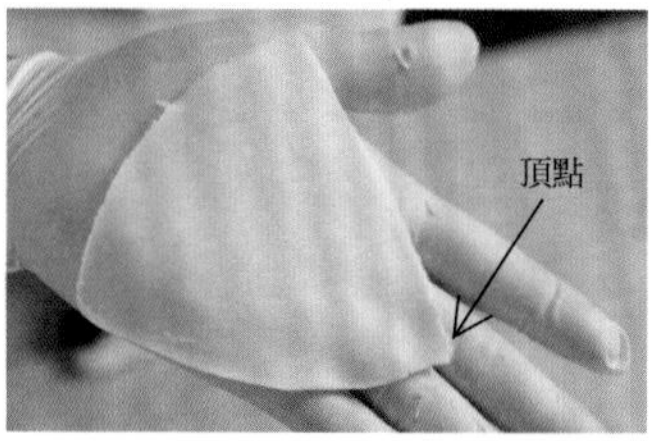

11. 圖中是刮取的栗子醬。較薄處作為頂點，底邊的曲線如展開的圓錐形。一個蒙布朗使用2片。

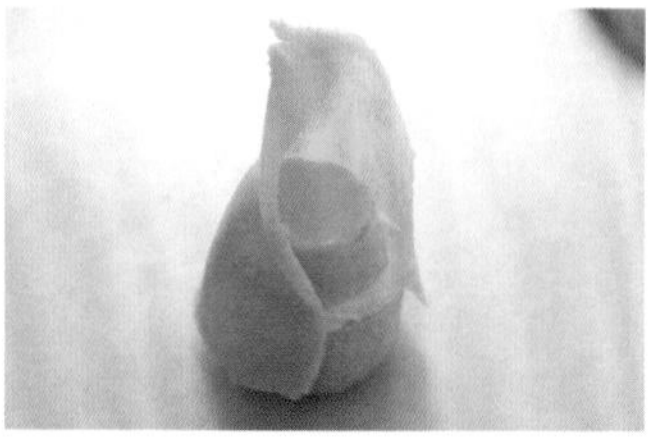

12. 將**11**的一片頂點朝上，沿著7的周圍貼上去。

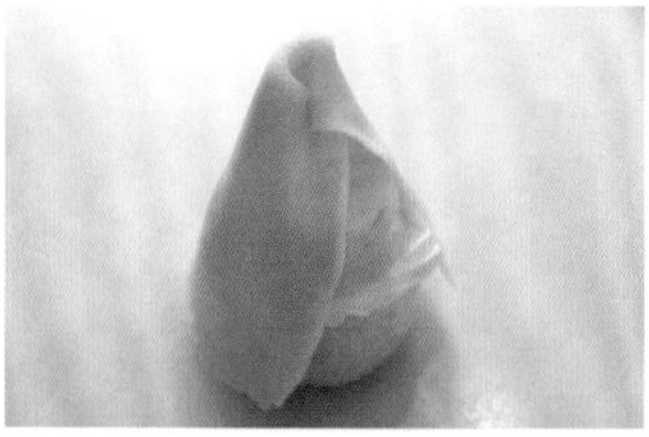

13. 上部朝下翻摺，左右如圖示般翻摺。

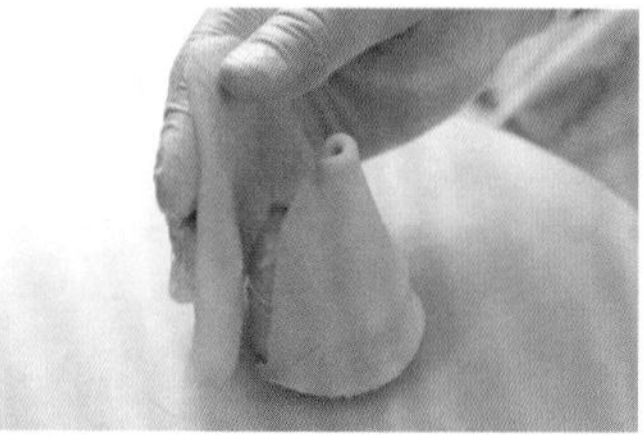

14. 將另一片**11**，和**13**栗子醬相對組合貼上。

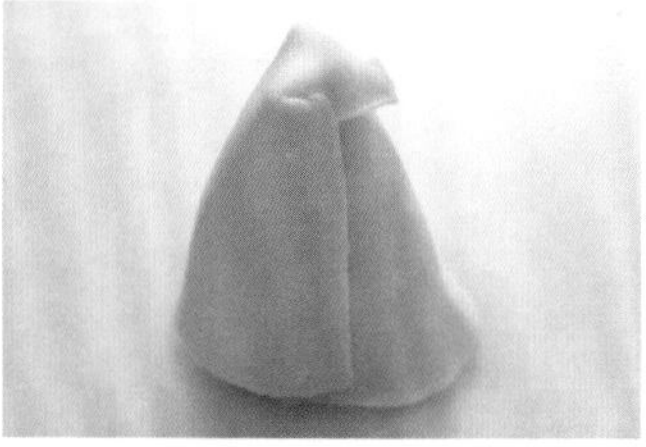

15. 翻摺上部和左右，形成山型。

濃稠的卡士達醬和海綿蛋糕的柔和風味

這款個性蒙布朗，不論外型或味道在其他店都前所未見。「從小只要提到蒙布朗，就是指這個」第二代辻井良樹總主廚說道。由第一代辻井良明先生開發，創業時就開始販售的這個蒙布朗，是在瑞士卷中放入卡士達醬，周圍覆蓋上栗子醬薄皮。漂亮的黃色讓人不禁想起昭和時期的蒙布朗，高雅的風味和「包覆」的外型，也讓人連想到和菓子。但是技術方面卻是洋菓子的作法，據說它的三個部分全都加入「POIRE」的基本元素。

先說當作底座的瑞士卷。「POIRE」對於海綿蛋糕，除了講究要膨軟、濕潤外，還要「有味道」。「有味道」換句話說，也就是讓人感覺美味，另外有某種Q彈口感也很重要。具體的作法是在全蛋中加入蛋黃增加濃郁度，並以蜂蜜增加風味。使用有天然轉化糖之稱的蜂蜜，以及添加轉化糖的上白糖，其吸水特性能使蛋糕保持濕潤口感。透過仔細打發，讓蛋飽含空氣後，再慢慢加入低筋麵粉，這項作業都由一人進行。因為一個人製作，才能夠很細膩地斟酌、調整麵粉的份量和混合的速度。加入鮮奶和奶油後，確實混合讓麵粉充分融合。蛋若有徹底打發，不必擔心混合過度。在烘烤方法上也頗費工夫，例如加上倒叩的烤盤，或將烤盤旋轉以免烘烤不均等。在這樣的海綿蛋糕中捲入香堤鮮奶油製成瑞士卷。香堤鮮奶油中還加入蘭姆酒也是特色之一。

卡士達醬原本就來當作泡芙的內餡，為了搭配柔軟的泡芙，主廚在配方中加入許多鮮奶，並以低筋麵粉和玉米粉增加黏性。不加奶油，而加入香草和蘭姆酒。香草棒使用香味濃郁的大溪地產，其中也有極難買到的有機產品。

蘭姆酒使用風味令人感覺舒暢的百加得的「Gold」。吃起來清爽又有豪華感的鮮奶油，被稱為「POIRE的卡士達醬」，擁有超高人氣。因為很黏稠、柔軟，用於蒙布朗中時，先放入不沾模型中讓它冷凍凝固。

栗子醬以白巧克力來調味

最大特色的栗子醬，從選擇栗甘煮（甘露煮）開始。每次，該店從各地訂購樣品，由辻井總主廚和製造部副部長灘本健次郎主廚來挑選。挑選的前提並沒有具體的規則，也沒有固定的產地、製造廠或糖度。為何如此，那是因為栗子的好壞不僅每次收成都不同，在熬製情況等各種條件下，味道和質感都會有變化。因此選定的基準是「是否適合『POIRE』的蒙布朗」。主廚憑藉長年食用和製作的感覺來判斷挑選。

栗甘煮先以攪肉機攪碎，再用電動攪拌機攪打。這時，主廚會加入融化的奶油和白巧克力。奶油使用低水分產品。這種奶油不會增加栗子醬中多餘的水分，使它容易延展，也使風味更濃郁。白巧克力使用瑞士菲荷林公司生產的調溫巧克力。據說該店上一代老闆遇到了這個巧克力，才研發出「POIRE」的蒙布朗，它是栗子醬中不可或缺的調味料。加入這種巧克力，完成的栗子醬味道濃厚、圓潤，散發出乳香味。用電動攪拌機混合好時已經十分柔軟，不過主廚還會用特別訂作的過濾網再過濾一次。儘管手工製作效率不彰，但主廚表示「公司雖然發展變大，但在廚房中大家仍是甜點師傅。為了呈現美味，要花的工絕不會省。」完成的栗子醬具有極綿密的口感。將栗子醬迅速抹成薄片，沿著瑞士卷和卡士達醬的周圍貼上，頂端製成曲折的山型。栗子醬從延展開到完成，如果一個只花一分鐘就能完成的人，才能升任這項工作，這種速度相當困難，需要花很長的時間才能熟練，不過，正是這種外型，才是該店的代表作「POIRE的蒙布朗」。

Arcachon

店東兼甜點主廚　森本　慎

蒙布朗

430日圓／供應期間　全年

重疊栗子塔和杏仁蛋白餅增加餡料量，這是能享受口感上變化的蒙布朗。活用栗子樸素的味道與風味，將它和栗子鮮奶油完美結合也是製作的重點。

糖漬栗子

使用甜味和大小適中，義大利產的栗子製作的糖漬栗子來作為裝飾。

糖粉

糖粉是蒙布朗上不可或缺的裝飾。以頂端為中心，整體都要撒上。

蒙布朗鮮奶油

栗子醬用鮮奶調和成的簡單鮮奶油。運用蘭姆酒提引出香甜味。

香堤鮮奶油

加入鮮奶油的8%的砂糖，攪打至九分發泡製成。讓它稍微冷凍凝固後，再擠上蒙布朗鮮奶油。

杏仁蛋白餅＋可可膏

散發杏仁香、口感酥脆的杏仁蛋白餅，表面裹覆可可膏，能避免吸收濕氣。

栗子塔

酥皮麵團＋
栗子蛋奶糊

減少甜度的酥皮麵團，為追求酥脆的口感，擀薄後再烘烤。考慮到和擠在上面的兩種鮮奶油保持整體感，塔中倒入綿細的栗子蛋奶糊，如同烤布蕾般的慢慢地烘烤凝固。蛋奶糊中使用法國製的栗子醬。

重疊兩種不同的鮮奶油
還能享受鮮奶油中的口感

烘烤栗子塔

1. 在酥皮麵團中倒入栗子蛋奶糊至九分滿。

2. 放入180℃的烤箱中，烤15～20分鐘後取出放涼。

酥皮麵團（pate a foncer）

材料（備用量）

低筋麵粉	900g
全麥麵粉	100g
鹽	20g
白砂糖	15g
無鹽奶油	750g
蛋黃	2個份
鮮奶	100g

1. 在攪拌缸中放入低筋麵粉、全麥麵粉、鹽和白砂糖，一面以低速攪拌，一面慢慢加入切成小丁的冰奶油。

2. 麵團混成鬆散狀後，一次加入所有蛋黃和鮮奶混拌，直到整體融合。用保鮮膜包好，放入冷藏庫一晚讓它鬆弛。

3. 將**2**取出放到工作台上，擀成2㎜厚，用直徑9㎝的中空圈模割取。在直徑7㎝×高1.5㎝的塔模中鋪入烤焙紙，鋪入割好的麵團。放上鎮石，放入180℃的烤箱中烘烤25分鐘。

栗子蛋奶糊

材料（10個份）

栗子醬（Imbert公司）	70g
白砂糖	20g
高濃度鮮奶油	50g
全蛋	80g
鮮奶	100g
蘭姆酒（黑）	10g

1. 在鋼盆中放入栗子醬、白砂糖和高濃度鮮奶油，用打蛋器充分混合。栗子醬容易結塊，加入液狀材料前，請充分弄散變軟備用。

2. 加入全蛋後再充分混合。

3. 加入鮮奶和蘭姆酒充分混合。

蒙布朗鮮奶油

材料（10個份）

栗子醬（上野忠「marron du patissier」）……………… 350g
鮮奶 ………………………………………… 30g
蘭姆酒（黑）……………………………… 10g

1. 將全部的材料放入攪拌缸中。

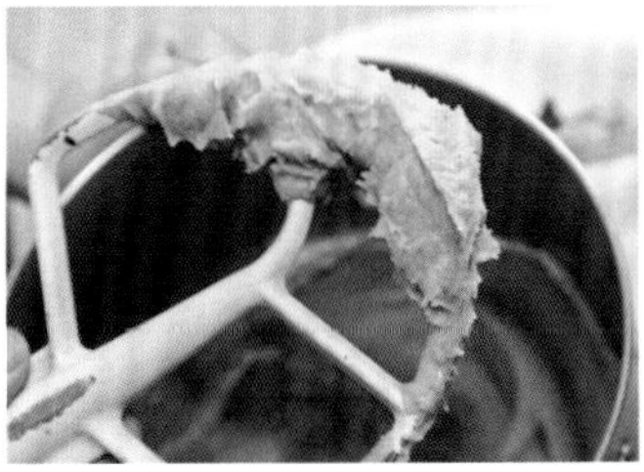

2. 用槳狀拌打器以中速攪打變綿細為止。

杏仁蛋白餅

材料（45個份）

蛋白霜
- 蛋白 ……………………………… 101g
- 白砂糖 …………………………… 13g
- 糖粉 ……………………………… 84g

杏仁糖粉 ………………………… 118g
可可膏 …………………………… 適量

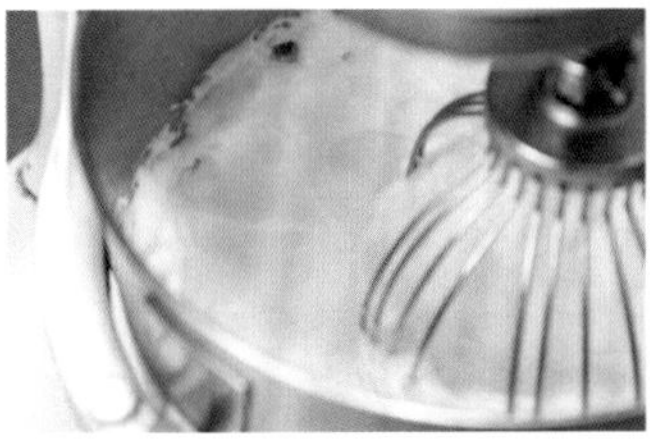

1. 在攪拌缸中放入蛋白和白砂糖，一面慢慢加速，一面充分攪打發泡。因白砂糖很少量，所以最初先加入蛋白。

2. 加入糖粉，以高速攪打至十分發泡。

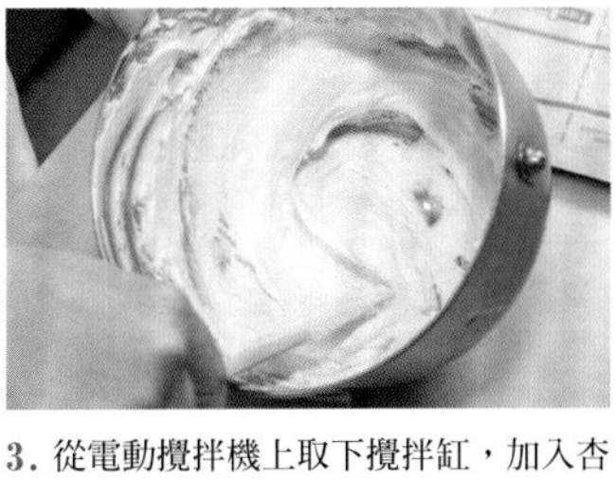

3. 從電動攪拌機上取下攪拌缸，加入杏仁糖粉，用橡皮刮刀混合。烘烤後，為了不讓蛋白餅過度膨脹容易脆，充分混拌至某程度讓氣泡破碎備用。

4. 將**3**的麵糊裝入安裝7號圓形擠花嘴的擠花袋中。烤盤上鋪上烤焙墊，從中心呈螺旋狀擠成直徑4㎝的圓形。麵糊含有空氣會向四周擴散，所以要注意擠小一些。

5. 放入150℃的對流式烤箱中，烘烤50～60分鐘。

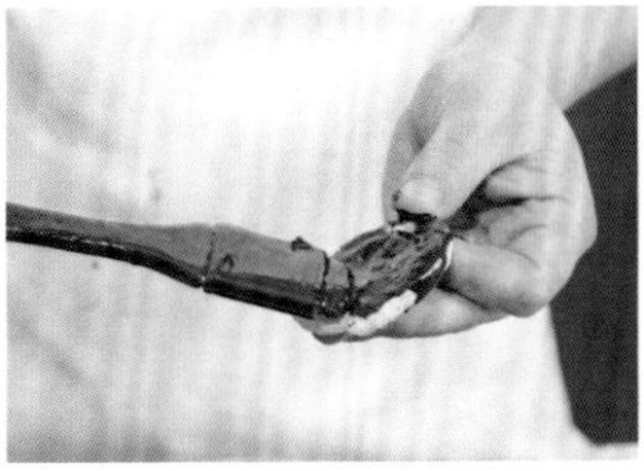

6. 可可膏隔水加熱煮融，為防止吸收濕氣，用毛刷在杏仁蛋白餅的表面整個薄塗一層可可。放入冷藏庫或冷凍庫冷卻使其凝固。

香堤鮮奶油

材料（1個約使用20g）

35%鮮奶油	適量
白砂糖	鮮奶油的8%

1. 在鋼盆中混合鮮奶油和白砂糖，用打蛋器攪打至九分發泡。

組合及裝飾

材料

糖粉	適量
糖漿醃漬的糖漬栗子（破碎）	適量

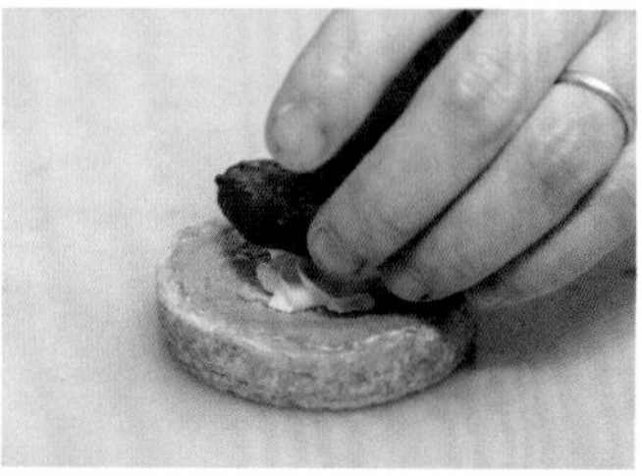

1. 在栗子塔上擠上少量香堤鮮奶油，黏上杏仁蛋白餅。上面再高高地擠上香堤鮮奶油（1個約20g）。放入冷凍庫中稍微冷凍使它凝固。

2. 將蒙布朗鮮奶油裝入安裝蒙布朗擠花嘴的擠花袋中。如同覆蓋香堤鮮奶油般，從下往上呈螺旋狀無間隙地擠上鮮奶油。一口氣擠出，繩狀的鮮奶油才不會斷掉，呈現美麗的外觀。

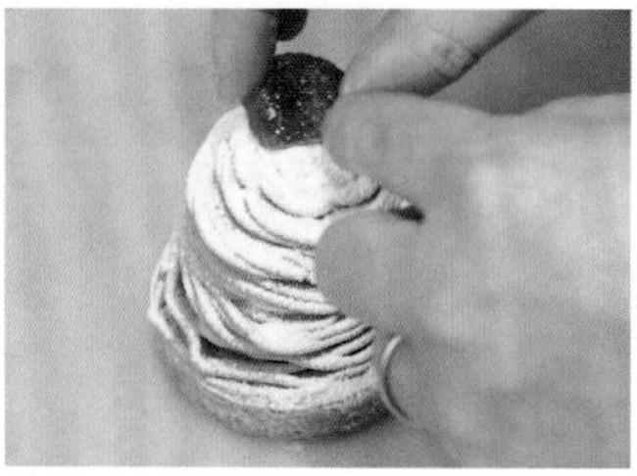

3. 撒上糖粉，裝飾上糖漬栗子。

兩種鮮奶油重疊 具有口感的蒙布朗

在散發著濃厚古典氛圍的「Arcachon」店內，除了販售蛋糕外，也提供鄉土甜點、麵包、法式鹹派等點心。種類豐富的產品中，最令該店自豪的是具有超高人氣的蒙布朗。

「蒙布朗雖說是以鮮奶油為主角的甜點，但我希望能夠製作裡面有更多餡料，鮮奶油中還能享受不同口感的蒙布朗」店主兼主廚的森本慎如此表示。

原本不太喜歡有很多鮮奶油的蒙布朗的森本先生，在學習甜點時期製作栗子塔時，想到「在這裡面擠入栗子鮮奶油的話，應該很美味吧？」現在的蒙布朗，正是從當時的創意所發展出來的產品，讓人能同時享受到餡料與鮮奶油。

主廚希望大家先注意到栗子塔的底座。它是在酥皮麵團製的塔皮中，填入由栗子醬製作的栗子蛋奶糊烘烤而成。即使單獨作為商品，也是一樣的完成度，它是重視內餡的這個蒙布朗的重要元素。

也用於法式鹹餅等點心中的不甜的酥皮麵團，講究要有鬆脆的纖細口感，配方是低筋麵粉中加入10％份量的全麥麵粉。麵團擀成2㎜的薄度鋪入模型中，事先烤好備用。

蛋奶糊是在栗子醬中混合蛋和鮮奶等，以高濃度鮮奶油製作，特色是香濃、細滑。考慮和擠在上面的鮮奶油具有整體感，以及蒙布朗整體的味道不致於太厚重，蛋奶糊如同法式烤布蕾般慢慢地烘烤使其凝固。

製作蛋奶糊時，為了讓栗子醬不結塊，重點是一面仔細弄散，一面從水分少的材料開始依序加入其中。

森本先生在栗子塔的上面，還放上裹覆可可膏的杏仁蛋白餅，以增加餡料整體的份量。蛋白餅很常見，不過直接使用有點乏味。因此，主廚在蛋白霜中加入杏仁糖粉，變化成能隱約感受到杏仁香味與風味的杏仁蛋白餅。

杏仁蛋白餅的作業要點是，加入杏仁糖粉後，要混合至某程度讓氣泡破碎後備用。這樣才能烤出不過度膨脹，不易濕軟、口感佳的蛋白餅。

表面若裹覆巧克力味道會太甜，所以主廚薄塗無糖的可可膏。除了能夠防止蛋白餅吸收濕氣外，酥脆的口感和少許的苦味及香味，與香甜細滑的鮮奶油形成對比，成為重要的特色。

每個部分分別運用 兩種栗子醬

加入8％白砂糖的香堤鮮奶油，攪打至九分發泡以提高保形性，擠得高高隆起後，放入冷凍庫讓它稍微凝固後備用。

與餡料相比，主廚儘量簡化蒙布朗鮮奶油的作法，儘可能活用栗子醬本身的香味和黏性。用鮮奶調整硬度，用蘭姆酒增加香味的同時，以槳狀拌打器攪打，讓整體變得稍微黏稠的鮮奶油狀即完成。

無任何添加物，能直接呈現栗子的香味，不過清楚突顯出栗子香甜味的蘭姆酒絕不可少。

森本先生在塔的栗子蛋奶糊和蒙布朗鮮奶油中，分別都使用了栗子醬。

蛋奶糊中是使用添加砂糖和香料，法國Imbert公司的栗子醬。它的質感、味道和香味等整體都很優良，而且流通量也很穩定，主廚之所以選用，是考量蒙布朗這個全年銷售商品能方便運用。

蒙布朗鮮奶油中，則使用日本公司製造，只在蒸栗中加入砂糖的天然栗子醬。這種栗子醬具有栗子原有的豐富美味，味道也纖細。不僅柔細、作業性也佳，深受主廚愛用。

Il Fait Jour

店東兼主廚　宍戶 哉夫

蒙布朗

473日圓／供應期間　全年

該店追求的蒙布朗，是能讓顧客享受到嚴選和栗的風味與香味。裡面放入柔軟的栗子慕斯，能彌補和栗醬的粗糙口感，其他甜點未曾見過的設計，也給人留下深刻的印象。

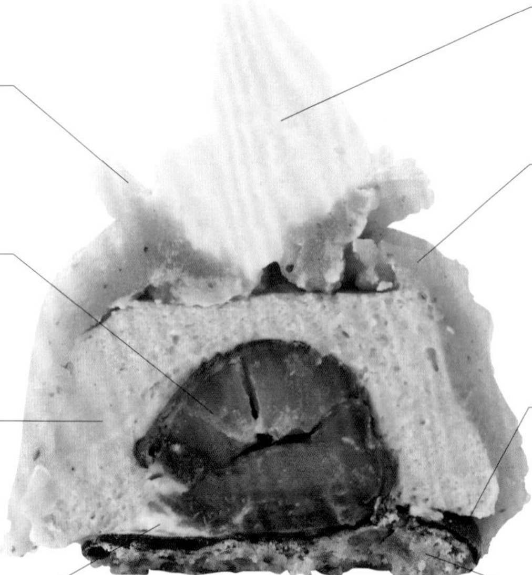

香堤鮮奶油

用聖托諾雷擠花嘴擠成滑順的外型。使用乳脂肪成分42%的香濃鮮奶油製作。

糖粉

撒在擠成褶邊的栗子醬的上面，感覺像是山上環狀裊繞的雲。

日產栗子醬

使用只以和栗製作的無糖栗子醬，以鮮奶調整硬度。栗子醬的和栗，每年嚴選優良產地的產品。依不同季節和產地，水分量也不同，所以用鮮奶來調整。

澀皮栗甘煮

為增進慕斯的保形性，放入切半的澀皮栗甘煮。

蒙布朗慕斯

減少吉利丁的量，完成柔軟度近似鮮奶油的慕斯。使用法國製的栗子醬，呈現淡淡的高雅風味。

蒙布朗巧克力

只塗在杏仁蛋白餅上面的苦巧克力。栗子和巧克力組合，能呈現類似「烤栗」的味道。

香堤鮮奶油

擠上大約2g的量，作為上面的蒙布朗慕斯和下面的杏仁蛋白餅的接著劑。

蒙布朗杏仁蛋白餅

蛋白餅讓整體更添濃郁風味，以不影響和栗風味的杏仁蛋白餅作為底座。

不同口味的蒙布朗

聖母峰

→P158

活用日本栗的鬆軟風味與香味
重視素材的極品

材料和作法

蒙布朗

蒙布朗杏仁蛋白餅（約110個份）

杏仁粉 …… 130g
糖粉 …… 70g
蛋白霜
┌ 蛋白 …… 200g
└ 白砂糖 …… 200g

1. 杏仁粉和糖粉混合過篩備用。
2. 蛋白和白砂糖放入電動攪拌機中，攪打至尖端能豎起的九分發泡程度。
3. 在**2**中加入**1**，用刮板如切割般混拌。
4. 在裝上15號圓形擠花嘴的擠花袋中裝入**3**，在烤盤上擠上直徑5.5㎝的圓形。
5. 放入160℃的烤箱中約烤50分鐘，放涼備用。

蒙布朗慕斯

（直徑5.2㎝的馬芬不沾模型約25個份）

A
┌ 38%鮮奶油 …… 40g
└ 海藻糖 …… 40g
吉利丁片 …… 2.5g
栗子醬（沙巴東公司〔Sabaton〕）
…… 200g
35%鮮奶油 …… 400g
蘭姆酒（Dillon）…… 10g
澀皮栗甘煮 …… 模型1個加½個

1. 在鍋裡放入A，開火加熱至80℃。
2. 在**1**中加入已泡水（份量外）回軟的吉利丁，加熱至煮沸前。
3. 將**2**與栗子醬放入電動攪拌機中，攪打稀釋栗子醬。
4. 將**3**倒入鋼盆中，加入攪打至七分發泡的鮮奶油和蘭姆酒，用打蛋器如切割般和混拌。
5. 將**4**擠到不沾模型中，放入切半的澀皮栗甘煮，用急速冷凍機急速冷凍。

香堤鮮奶油（備用量）

42%鮮奶油 …… 1000g
白砂糖 …… 80g
香草精 …… 少量

1. 將材料放入電動攪拌機中，約攪打至八分發泡。

蒙布朗巧克力（備用量）

55%巧克力 …… 100g
可可膏 …… 100g

1. 將巧克力和可可膏切碎，調溫使其融化。

日產栗子醬（約32個份）

和栗醬（只使用無糖栗的產品）
…… 1000g
鮮奶 …… 適量

1. 煮沸鮮奶。
2. 和栗醬弄散放入電動攪拌機中，一面加入**1**已煮沸的鮮奶，一面調整硬度，調整成容易擠製的狀態。

組合及裝飾

糖粉（防潮型）…… 適量

1. 在蒙布朗杏仁蛋白餅的烘烤面上，用毛刷薄塗蒙布朗巧克力。
2. 巧克力凝固後，擠上接著用的香堤鮮奶油約2g，再放上脫模的蒙布朗慕斯。
3. 在裝上半排擠花嘴的擠花袋中裝入日產栗子醬，在**2**的周圍如覆蓋般從下往上擠。
4. 以玫瑰擠花嘴，在上部用日產栗子醬擠出縐褶。在中央用聖托諾雷（Saint-honore）擠花嘴擠上香堤鮮奶油，最後撒上糖粉。

以苦巧克力調味
能嚐到「烤栗」的風味

「Il Fait Jour」佇立在神奈川縣郊區的閑靜住宅區。這家上一代所開設的洋菓子店，現由第二代的宍戶哉夫主廚接手，提供揉合個人感性的商品。主廚對素材極端講究，蛋嚴選早晨剛採收的紅殼蛋，鹽使用給宏德的鹽，香草挑選大溪地產最高級的香草莢等。除了這些基本材料外，該店還提供使用大量當令水果，活用素材製作的甜點。

該店的招牌商品蒙布朗，是全年經常進入銷售排行榜前三名的人氣商品。主廚的目標是想製作儘量活用和栗特有風味與香味的蒙布朗。

擠在表面的日產栗子醬所使用的栗子，據說是經過嚴選，最富栗子原有香味與味道的產品。

「吃的時候，周圍的栗子醬最先入口，所以我講究要特別美味。即使是同產地的栗子，也會因當年的氣候條件等因素而有差異。我大多使用熊本、愛媛、茨城產的產品，但產地並不固定，每年我都要親嚐確認，選出有栗子香味和鬆軟感的產品」宍戶主廚如此表示。據說，該店通常是購買粗濾網濾過的無糖和栗醬，只有在栗子產季時，該店才會自製栗子醬。

這個和栗醬是以鮮奶稀釋製作，因不同季節和產地，栗子醬的水分也有差異，所以鮮奶量要視情況調整。以容易擠出的硬度為標準，當然入口的瞬間，仍要保有讓人能感受栗子原有的風味與口感，這也是製作的重點。

組合時，表面覆上日產栗子醬，裡面從下往上分別是杏仁蛋白餅、微量的香堤鮮奶油，以及放入澀皮栗甘煮的栗子慕斯。鋪在底下的杏仁蛋白餅，選用的原因是除了它能發揮和栗纖細的味道外，還能增加適度的濃郁風味。

杏仁蛋白餅的上面，薄塗一層苦巧克力，不僅能夠防濕，還有增添風味的作用，這也是該店蒙布朗的特色。

「塗上苦巧克力，吃整個蛋糕時，還能享受到「烤栗」般的口感。而且，它不會模糊整體的風味，兼具突顯風味的效果。」宍戶主廚說道。為避免巧克力的味道影響栗子風味，訣竅是顧慮整體的平衡，只用毛刷塗上極薄的一層。

個性化設計
定番甜點令人印象深刻

在杏仁蛋白餅的上面，擠上少量香堤鮮奶油後，再放上栗子慕斯。

「為了不破壞精心調製的栗子風味，擠在周圍的栗子醬，以最少的水分量來製作。因此，裡面放入柔軟的餡料，在口感上能夠搭調」宍戶主廚說道。為了不破壞日產栗子醬的風味，主廚組合口感輕柔、風味高雅的栗子慕斯。慕斯的吉利丁控制在最少的量，完成後近似鮮奶油的柔軟度。該店為了提高保形性，裡面還放入切半的澀皮栗甘煮，以急速冷凍機冷凍。

慕斯中使用的栗子醬，不是和栗，而是法國沙巴東公司的產品。特地使用和擠在周邊的日產栗子醬不同口感和風味的產品，為的是讓蒙布朗的風味更有層次。

該店蒙布朗也設計得很有個性。特地設計成其他店不曾見過，能吸引顧客視線的造型，以激發顧客對知名的定番甜點蒙布朗產生興趣。用玫瑰擠花嘴將日產栗子醬擠出褶邊，再撒上糖粉，表現出裊繞在山邊的環狀雲的樣子。另外，用聖托諾雷擠花嘴擠上比擬雪的香堤鮮奶油，主廚以自我獨特的感性來詮譯蒙布朗給人的雪山印象。個性十足的外觀，留給人深刻的印象，它也是該店的蒙布朗人氣持續不墜的要因之一。

Archaïque

店東兼甜點主廚　**高野　幸一**

蒙布朗

450日圓／供應期間　全年

蒙布朗外表有適度混合法國製栗子醬及和栗醬，能享受兩者風味的栗子鮮奶油。中心也加入用奶油增添濃郁風味的栗子鮮奶油，來作為蒙布朗的重點。

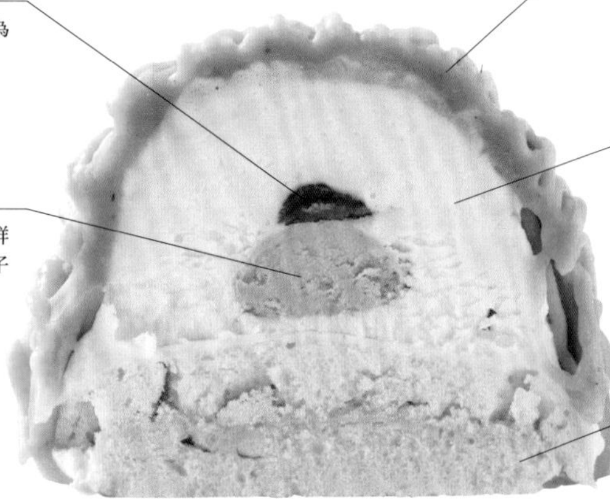

澀皮和栗甘煮

放入一塊澀皮和栗甘煮，作為口感的重點。

栗子鮮奶油

以奶油增添濃厚美味的栗子鮮奶油，是能讓人充分享受栗子美味的重點風味。

栗子鮮奶油（裝飾用奶油）

混拌時要避免空氣進入，以完成口感黏稠細滑的裝飾用鮮奶油。混合法國製及和栗醬製作而成。

香堤鮮奶油

乳脂肪分42%的鮮奶油攪打至八分發泡，用甜菜糖增添高雅的甜味。為避免形狀崩塌，攪打變硬後放入模型中冷凍。

蛋白餅

烘烤成口感細緻、鬆脆的蛋白餅。為了能持續保持鬆脆口感，以低溫慢慢地將水分烤乾。

不同口味的蒙布朗

Ardéchois

→P159

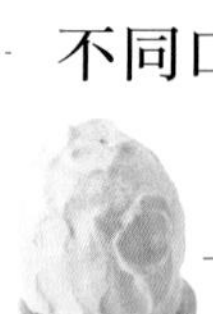

Chamonix

→P159

調和洋栗與和栗的味道
口感綿細的栗子鮮奶油

材料和作法

蒙布朗

蛋白餅（約160個份）

蛋白……600g
白砂糖……1050g
糖粉……225g

1. 在攪拌缸中放入蛋白，途中一面分3次加入白砂糖，一面以中速攪打發泡。出現吧嗒吧嗒的聲音，產生黏性後轉低速，攪打發泡直到砂糖融化。
2. **1**的白砂糖融化後，從攪拌機上取下，加入糖粉用手如攪拌般混勻。
3. 在裝了13號圓形擠花嘴的擠花袋中裝入**2**，在烤盤上擠成直徑5㎝的圓形。
4. 放入120℃的烤箱中烘3～4小時，放涼備用。

栗子鮮奶油（裝飾用）（備用量）

栗子醬（Imbert公司）……2000g
和栗醬（愛媛縣產／Maruya「冷凍栗金團」）……1000g
栗子鮮奶油（Imbert公司）…1000g
35%鮮奶油……1200g

1. 將栗子醬、和栗醬和栗子鮮奶油，用低速的槳狀拌打器混拌到無顆粒。
2. 鮮奶油煮沸。
3. 在**1**中一面分數次加入**2**，一面以低速混拌以免空氣進入。

栗子鮮奶油（備用量）

栗子醬（Imbert公司）……1000g
無鹽奶油……600g
鮮奶……100㎖
蘭姆酒……100㎖
澀皮和栗甘煮……1個放$\frac{1}{4}$個

1. 栗子醬、奶油、鮮奶和蘭姆酒用電動攪拌機混勻。
2. 用8號的圓形擠花嘴，擠成1個7～8g的圓形，放上澀皮和栗甘煮，放入冷凍庫中冷凍。

香堤鮮奶油（1個使用20g）

42%鮮奶油……適量
甜菜糖……加8%糖

1. 用電動攪拌機將材料攪打成八分發泡。

組合及裝飾

1. 直徑5㎝的球狀模型中擠入20g香堤鮮奶油，和栗朝下放入冷凍過的栗子鮮奶油，再放入冷凍庫中冷凍。
2. 將球狀模型泡入熱水中取出**1**，球面朝上放到蛋白餅上。
3. 從上面用壓筒在左右擠上栗子鮮奶油，蛋糕方向轉90度，同樣在左右擠上鮮奶油（1個約40g）。

以奶油味栗子鮮奶油增加風味的特色

2004年，「Archaïque」在埼玉縣川口市開幕。2012年秋天遷至附近，該店除了有豐富的甜點和烘烤類甜點外，同時還推出口味眾多的麵包，讓該店匯集了超高的人氣。該店現在提供三種蒙布朗，包括從秋天到春天限定販售，以和栗醬製作的蒙布朗「Chamonix」；使用法國產高級栗子製作的「Ardéchois」；以及全年供應，也是該店招牌的「Mont blanc（蒙布朗）」。

「蒙布朗」的下面墊著蛋白餅，中間是香堤鮮奶油，外側擠上栗子鮮奶油，乍看之下就是標準的蒙布朗蛋糕。特色是具有圓頂狀的可愛外型。

外觀雖然樸素，但每個部分卻極費心思，裡面的組成也豐富多元，讓吃過的人都對這款蒙布朗留下深刻的印象。

它最具特色的重點是香堤鮮奶油的中間還放入栗子鮮奶油，這個元素和周圍擠的栗子鮮奶油口味不同。它以法國製栗子醬、奶油、鮮奶和蘭姆酒打發而成，等於是「奶油風味的栗子鮮奶油」。蒙布朗中除了有香堤鮮奶油，還加入奶油味濃郁的栗子鮮奶油，形成風味的重點特色。

此外，只有香堤鮮奶油，外型容易崩塌，在中心放入這個的栗子鮮奶油，也有幫助保形的效果。這個栗子鮮奶油裡還放入¼個澀皮和栗甘煮，以添加栗子的口感。

栗子鮮奶油不打發以呈現濃厚的栗子風味

另一方面，擠在周邊的栗子鮮奶油，是在栗子醬等材料中混入鮮奶油。栗子醬是用法國製以及和栗製作的日本產品兩種混合而成。

「味道濃重的法國製栗子醬，和帶有一種復古柔和風味的和栗醬，剛好能完美融合。我的目標是在法國甜點般的栗子風味中，讓人還能感受到淡淡的和栗風味。」高野幸一主廚如此表示。

和栗是使用Maruya公司生產，以愛媛縣產和栗製作的「冷凍栗金團」栗子醬。如果甜味太重會使栗子味變淡，所以主廚選用糖度較低的產品。

法國製栗子醬是使用Imbert公司的產品，但主廚覺得它有點硬，因此混入鮮奶油稀釋，讓它變得細滑些。這時的製作重點是鮮奶油以不打發的狀態來混合。考慮到鮮奶油是用來「連結」，為避免空氣進入，槳狀拌打器以低速混拌，才能讓人感受到濃厚的栗子味。此外，加酒會使和栗的味道變淡，所以裝飾用鮮奶油中不加蘭姆酒等。

鋪在蒙布朗底部的蛋白餅，主廚追求極細緻的鬆脆口感。為了讓它即使吸收了香堤鮮奶油的水分，也依然保有香味，據說烘烤就成了重要的關鍵。蛋白霜放入120℃的烤箱中慢慢烘烤3～4個小時，讓水分蒸發，目標是烤到蛋白餅割開後，裡面呈現淡淡的黃褐色為止。據說這麼做，即使過了很長的時間，蛋白餅依然保有香味，也不會太甜。

蛋白餅上面的香堤鮮奶油，以鮮奶油充分攪打至八分發泡，即使放上栗子鮮奶油，形狀也不會坍塌，然後再冷凍。砂糖是使用甜菜糖，能增添與栗子合味的高雅甜味。

「不論法國製栗子醬或和栗醬，各具有栗子特有的美味」高野主廚說，他設計這個蒙布朗內餡的初衷，是想讓顧客輕鬆享受栗子的美味。即使是店家的招牌甜點，每年配方也會微調，不過這個蒙布朗的配方從未改變，長久以來一直以相同的配方製作。它也是高野主廚本身喜愛的一道甜點。

W. Boléro

店東兼甜點主廚 **渡邊 雄二**

聖維克多（Sainte Victoire）

441日圓／9月～5月

將法國甜點視為歐洲文化範疇之一的渡邊雄二主廚，極端講究正統的原味。但是，該店目前推出的是稍稍偏離正統的「創新版蒙布朗」。

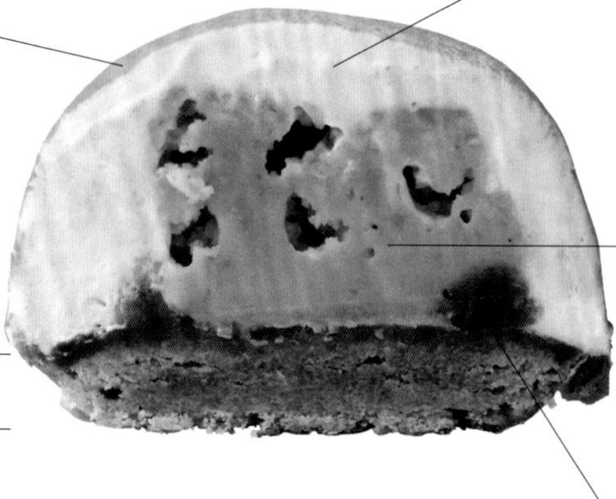

香堤鮮奶油

比起乳脂肪成分的數字，主廚更重視風味，這是不會破壞栗金團風栗子醬的味道，風味清淡的鮮奶油。現在，使用本州飼育的牛隻所生產的產品。加6%的糖攪打至九分發泡。

巧克力噴霧

映照夕陽的岩山設計，利用噴上著色巧克力來表現。巧克力和可可奶油混合後，再加入黃色的著色可可奶油，調整成「晚霞」的感覺。

栗金團風栗子醬

愛媛縣產的和栗醬「媛栗」和卡士達醬混合，製作成栗金團風的栗子醬。為了呈現輕盈的口感，冷凍後加工成碎片狀，讓它含有空氣。

塔

法式甜塔皮＋
栗子杏仁奶油餡

為呈現酥鬆的口感，塔皮麵團儘量不攪拌，壓製成薄薄的法式甜塔皮，塔皮中擠入栗子杏仁奶油餡後，烘烤成塔。上面還刷上雅馬邑白蘭地酒V.S.O.P的糖漿。

糖漬栗子

它是栗金團風栗子醬的餡料。將以糖漬栗子的加工法製作的義大利產糖漬碎栗切粗粒後，以拿破崙・雅馬邑白蘭地酒增加香味。

遇到無糖的和栗醬而研發
表現手法也新穎的蒙布朗

材料和作法

聖維克多

法式甜塔皮（直徑7cm×高1cm的塔模型430個份）

發酵奶油 …… 900g
糖粉（純糖粉）…… 570g
鹽（細鹽／給宏德產）…… 3g
香草糖（自製）…… 6g
杏仁粉（西西里島產）…… 180g
全蛋 …… 366g
中筋麵粉（T55・Pâtissière）…… 1500g

1. 用電動攪拌機將發酵奶油攪打成乳脂狀，加入糖粉、鹽和香草糖混合。
2. 加入杏仁粉混合。
3. 分3次加入打散的蛋汁混合。
4. 整體混合後加入中筋麵粉，混勻。
5. 將**4**擀成3㎜厚，裝入塑膠袋中密封，急速冷凍。
6. 冷凍至快要結凍時（若已完全冷凍，讓它自然解凍至例如快要結凍的狀態），用壓麵機一次壓成1.66㎜厚。放入冷凍庫讓它鬆弛。
7. 將**6**鋪入塔模型中，冷凍。冷凍後，將模型倒叩，以避免冷凍保存時塔皮變乾燥。

栗子杏仁奶油餡（10個份）

杏仁鮮奶油（※）…… 150g
栗子醬（Imbert公司）…… 75g

※杏仁鮮奶油（備用量）
無鹽奶油 …… 1350g
糖粉（純糖粉）…… 1650g
全蛋 …… 1240g
杏仁粉 …… 1650g
玉米粉 …… 100g

1. 在回到常溫的奶油中加入糖粉，用電動攪拌機攪拌成乳脂狀。
2. 慢慢加入打散的蛋汁混合，讓它充分乳化。這時，奶油和蛋都保持26℃（不依照溫度製作材料會分離，這點須留意）。
3. 杏仁粉、玉米粉混合過篩，加入**2**中混合拌勻。

---

1. 栗子醬用電動攪拌機攪打變柔軟，加入杏仁鮮奶油混合。

濕潤用糖漿（配方）

糖漿（※）…… 100g
雅馬邑白蘭地酒（Armagnac）V.S.O.P …… 100g

※「栗金團風栗子醬」中使用Marron Royal公司生產的「Marrons débris（碎栗）」罐頭裡的糖漿。

1. 將糖漿和雅馬邑白蘭地酒以1：1的比例混合。

栗金團風栗子醬（85個份）

和栗醬（冷凍／愛媛縣產／米田青果食品「媛栗」）…… 2000g
卡士達醬（※）…… 1000g
糖漬栗子（碎栗／Marron Royal公司「Marrons débris」）…… 1000g
拿破崙・雅馬邑白蘭地酒 …… 適量

※卡士達醬（備用量）
鮮奶（高梨乳業「北海道3.7鮮奶」）1800g
發酵奶油 …… 150g
蛋黃 …… 400g
白砂糖 …… 400g
低筋麵粉（日清製粉「Violet」）…… 110g
香草棒 …… 1根

1. 在銅鍋裡放入鮮奶、奶油和剖開的香草棒，開火加熱。
2. 在鋼盆中放入蛋黃和白砂糖，用打蛋器攪拌混合。
3. 在**2**中加入低筋麵粉攪拌混勻。
4. 將**1**煮沸後，加入**3**中混合，一面過濾，一面放回**1**的在鍋裡，再加熱。
5. 從鍋底充分混拌，混合到厚重度變輕後，一面混合，一面再煮15～20分鐘。
6. 用保鮮膜密封，讓它變涼，放入冷藏庫保存。

---

1. 將已回到常溫的和栗醬和卡士達醬，用電動攪拌機攪打混合。
2. 放入鋪了塑膠布的方形淺鋼盤中，擀成1～2㎝厚，用急速冷凍機急速冷凍。
3. 待**2**冷凍後，用30號網目的粉篩將它過濾成碎片狀。再急速冷凍。
4. 糖漬栗子切粗粒，加入雅馬邑白蘭地酒。
5. 在上面直徑5㎝、高3㎝、底面直徑3.5㎝的不沾模型中，輕輕地放入**3**，放入**4**，再放入**3**（不沾模型約七分滿）。再急速冷凍。

香堤鮮奶油（10個份）

35%鮮奶油（中澤「Crème H」）…… 300g
白砂糖 …… 18g

1. 鮮奶油中加入白砂糖，鋼盆下面放著冰水，然後用電動攪拌機攪打至九分發泡。

巧克力噴霧（配方）

巧克力（調溫巧克力）
70%巧克力 …… 50g
40%巧克力 …… 50g
可可奶油 …… 50g
著色可可奶油（黃色）（※）…… 適量

※自己製作時，相對於可可奶油的量，加入15%量的油性色素使其融化。

1. 巧克力和可可奶油隔水加熱融化。
2. 慢慢加入融化的著色可可奶油，增加顏色。

組合及裝飾

榛果（烤過）…… 適量
巧克力裝飾 …… 適量

1. 在烘烤塔的前一晚，在冷凍狀態的法式甜塔皮中，擠入杏仁奶油餡，放入冷藏庫備用。
2. 隔天早上，將**1**放入155℃的對流式烤箱中烘烤25分鐘。稍微變涼後，刷上濕潤用糖漿，放涼。
3. 將冷凍的栗金團風栗子醬，從不沾模型中取出，放到**2**的上面。
4. 在**3**上覆蓋香堤鮮奶油，用抹刀修整成岩山的形狀。
5. 在整體上噴上巧克力噴霧。
6. 每1個上面裝飾上1顆榛果和1片巧克力裝飾。

活用和栗的意象 金團風栗子醬

關於法國甜點蒙布朗蛋糕，渡邊雄二主廚認為「蛋白餅、香堤鮮奶油及栗子」是它的三項基本元素。既然如此，主角的蛋白餅、香堤鮮奶油一定得美味，不過主廚很難達到自己滿意度，因此他放棄製作正統的蒙布朗。

當渡邊主廚遇到和栗醬「媛栗」之後，開始思索是否能製作其他類型的蒙布朗。和栗醬一般都會加糖，不過可以買到愛媛縣產「媛栗」製的不加糖冷凍栗子醬。這也激發主廚思考如何活用該栗子的美味。

比起栗子鮮奶油，栗金團具有更強烈的和栗意象。因此主廚決定製作栗金團風格的栗子醬。和栗的味道沒有洋栗濃郁，加入奶味後和栗的風味會變得模糊。因此他避用奶油和鮮奶油，而選用卡士達醬。但是，渡邊主廚的卡士達醬經過慢慢熬煮濃縮了美味。由於質地較硬，加入和栗醬中，栗子醬的整體仍很厚重。為了呈現輕盈口感，栗子醬冷凍後用粉篩加工成碎片狀，讓它裡面含有適量的空氣。將它放入不沾模型中再次冷凍，就成為蒙布朗的中心素材。碎片狀栗子醬作為餡料，輕輕地填入不沾模型中時，中間還夾入以拿破崙・雅馬邑白蘭地酒增加香味、切粗末的義大利產糖漬栗子。

以這個栗金團風栗子醬作為中心，下面是塔，周圍覆蓋著香堤鮮奶油，外表噴上泛黃的褐色巧克力噴霧。這樣的設計乍看之下，讓人不知是蒙布朗。渡邊主廚表示「那也是我的企圖之一」。他之所以這樣設計，是考慮到許多顧客「知道」是蒙布朗蛋糕，只憑這樣的安心感就會購買，不過一直賣出蒙布朗和其他甜點的賣量無法保持平衡，主廚不希望發生這種情況。這樣設計還有另一項原因，那就是在表面擠上栗子鮮奶油，展售期間會變乾，酒的香味也會散失。為此，外表是覆蓋香堤鮮奶油。

酥鬆的塔和 風味清爽的香堤鮮奶油

底座的塔，是在法式甜塔皮中填入栗子醬和杏仁鮮奶油混合成的栗子杏仁奶油餡。栗子醬是使用近似栗子原味 Imbert 公司的產品，杏仁鮮奶油像這次和其他素材混合的情況下，會使用有含玉米粉的配方。作法上的重點是，讓奶油和蛋充分乳化，為此奶油和蛋都要保持26℃。加入粉類之前，奶油和蛋若沒好好乳化，烘烤時就會融化。為了表現法式甜塔皮的酥鬆口感，主廚花工夫研究要如何不揉搓就擀薄，結果運用的方法是他將材料混合後，立刻擀成3㎜厚放入冷凍庫中，在解凍至像快結凍的狀態時，用壓麵機碾壓成1.66㎜厚，只需碾壓一次。

儘管蘭姆酒的香味才是王道，但它用在和栗中味道太濃烈，為了整體的平衡，主廚分別選用不同的雅馬邑白蘭地酒，濕潤用糖漿中使用有新鮮水果風味的V.S.O.P，餡料中則用味道圓潤的拿破崙。

覆蓋栗子醬的香堤鮮奶油，其中選用的鮮奶油是關鍵重點。雖然含有乳脂肪成分是選用的基準之一，不過即使成分含量相同，味道也可能不同。因為乳味太重會模糊栗子的纖細風味，所以主廚使用本州產牛隻所生產的鮮乳製成品。「我想是牧草和氣候的關係，本州產的比北海道產的輕爽」。因此，這種鮮奶油較難打發，須盆底一面放著冰水，一面用手握式電動攪拌器充分攪打至九分發泡。為避免攪打過度，渡邊主廚不用攪拌機打發。

裝飾方面，主廚噴上自行調整成如法國色彩般的巧克力噴霧。這個蒙布朗的名字「聖維克多（SainteVictoire）」，是普羅旺斯地區著名的岩山，而蒙布朗的外觀正表現該山的夕陽景致。為了讓人「乍看不知是蒙布朗」，主廚不使用栗子，而改用榛果和巧克力作為裝飾。

PÂTISSERIE
JUN UJITA

店東兼甜點主廚 **宇治田 潤**

蒙布朗

500日圓／供應期間 秋～春

底座是單純的蛋白餅。以栗子鮮奶油裹住以發酵奶油增添風味與濃郁度的栗子慕斯和香堤鮮奶油，更加突顯正統元素的原有美味。

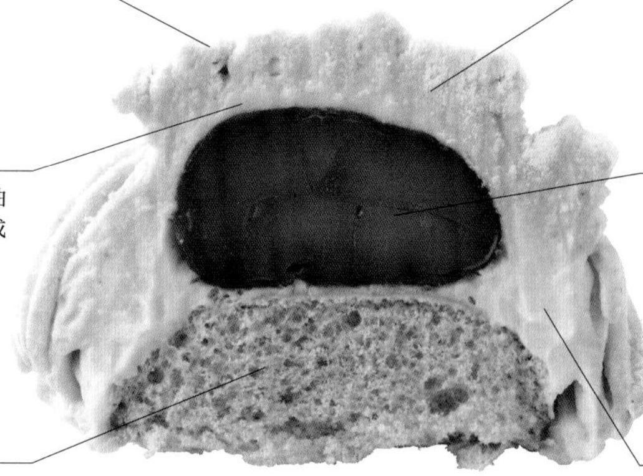

糖粉

撒上不易融化的防潮糖粉，以表現山頂上的積雪。

香堤鮮奶油

乳脂肪成分47%的鮮奶油中，加入10%糖充分打發成的鮮奶油。

底座用蛋白餅

只用蛋白和砂糖製作的蛋白餅，更加突顯栗子的香味。

栗子鮮奶油

栗子鮮奶油和鮮奶油以等比例混合，讓人直接感受到栗子的美味。

澀皮和栗甘煮

放入慕斯的中心，呈現栗子的存在感。

慕斯

栗子醬中混入卡士達醬和義大利蛋白霜成為慕斯。使用發酵奶油製作，使風味與濃郁度更豐厚。

以不賣弄奇巧的基本作法
最大限度地展現材料的美味

材料和作法

蒙布朗

底座用蛋白餅（50個份）

蛋白 …………………………………… 300g
白砂糖 ……………………………… 600g

1. 蛋白和白砂糖充分攪打發泡製成蛋白餅。
2. 在烤盤鋪上矽膠烤盤墊，將**1**用圓形擠花嘴擠成直徑5㎝。放入130℃的對流式烤箱中，打開風門烘烤2小時。

慕斯（50個份）

卡士達醬（※1）…………………… 750g
發酵奶油 …………………………… 300g
栗子醬（沙巴東公司）………… 225g
義大利蛋白霜（※2）…………… 200g
澀皮和栗甘煮 ……………………… 50個

※卡士達醬（備用量）

鮮奶 ………………………………………… 500g
蛋黃 ………………………………………… 120g
白砂糖……………………………………… 120g
高筋麵粉 ………………………………… 50g
發酵奶油 ………………………………… 50g

1. 在鍋裡加熱鮮奶，煮沸後熄火。
2. 在鋼盆中放入蛋黃和白砂糖攪拌混合泛白後，加入篩過的高筋麵粉混合。
3. 加入**1**混合後，倒回鍋裡，加入奶油再開火加熱。一面不停混拌，一面煮至滾沸。倒入方形淺鋼盤中，用保鮮膜密封，再進行急速冷凍。

※2 義大利蛋白霜（備用量）

蛋白 ………………………………………… 70g
白砂糖……………………………………… 140g
水 …………………………………………… 45g

1. 蛋白充分攪打發泡成較硬的蛋白霜。
2. 同時進行把白砂糖和水加熱至120℃，製成糖漿。
3. 在**1**中一面慢慢加入糖漿，一面充分攪打發泡。

1. 在弄散的卡士達醬中，加入相同柔軟度的奶油，用橡皮刮刀混合。
2. 加入弄散的栗子醬混合。
3. 製作義大利蛋白霜，加入**2**中如切割般混合。
4. 在變涼的底座用蛋白霜中，放入1個澀皮和栗的甘煮，如覆蓋般用圓形擠花嘴擠上**3**，放入冷凍庫冷凍使它凝固。

香堤鮮奶油（備用量）

47％鮮奶油（高梨「特選北海道純鮮奶油47」）……………………………適量
白砂糖 ……………… 鮮奶油的10％量

1. 混合材料て打至九分發泡。

栗子鮮奶油（備用量）

栗子鮮奶油（沙巴東公司）…… 適量
38％鮮奶油（高梨）……………… 適量
※以等比例混合。

1. 同量的栗子鮮奶油和鮮奶油混合，攪打發泡變得綿細。

組合及裝飾

糖粉（防潮型）……………………… 適量

1. 在擠上慕斯冰涼的蛋白餅上，用圓形擠花嘴薄擠上香堤鮮奶油，如覆蓋整體般，用蒙布朗擠花嘴擠上栗子鮮奶油（1個約40g）。
2. 撒上糖粉。

深度展現傳統甜點才有的奧趣

於2011年11月開幕的「PÂTISSERIE JUN UJITA」，當時宇治田潤主廚展售的甜點，出乎意料地都是造型簡單的甜點。以前主廚在鎌倉的法式甜點店工作時，以多彩的元素組構華麗的甜點而聞名，不過數年後，據說主廚的想法有了改變。

「法國古典、基本的作法深深地吸引了我」宇治田主廚表示。蒙布朗散發一股特有的法國味，底座是蛋白餅，之後只簡單地組合鮮奶油和栗子鮮奶油，可是「栗子鮮奶油能夠真的讓人滿足才算美味」主廚如此認為。

例如，若在布列塔尼酥餅或瑪德蓮蛋糕中加入杏仁粉，味道或香味都會變濃郁，也可以保存得更長久，不過主廚認為「那是不對的」，他覺得基本的蛋、奶油、粉和砂糖如何搭配才能呈現美味的點，才是製作甜點的妙趣所在。主廚表示傳統甜點中，具有直接發揮素材味道的強力深度，他希望今後能製作那樣的甜點。

蒙布朗是該店的熱銷商品，許多購買的客人都是從開店之初一試成主顧。

主廚曾在葉山的老店「聖路易島（Ile Saint-Louis）」及「Sadaharu AOKI Paris」等許多名店磨練技術，他以特別熟悉的「聖路易島」的蒙布朗味道為基本，發展出宇治田主廚風格的蒙布朗。在2013年的春天之前，蒙布朗都是在薄酥皮中擠入杏仁鮮奶油後烘烤，再組合香堤鮮奶油和栗子鮮奶油，成為吸引許多回頭客的人氣商品。

「但是，因為有其他類似的甜點。我希望製作不使用薄酥皮和杏仁鮮奶油的蒙布朗」。

主廚認為採用流行素材和新的組裝方式，做出和大家一樣的甜點，其實很可惜，蒙布朗就該呈現原有的樣子，他珍惜的是甜點的特色。

重視蒙布朗特色和呈現季節感

該店進行產品更新後，自2013年秋天開始供應這裡所介紹的「像蒙布朗的蒙布朗」，底座使用蛋白餅。主廚覺得蒙布朗中還是適合組合蛋白餅，據說他自己很喜歡蛋白餅吸收了鮮奶油水分後，酥鬆又略帶濕氣的口感。

「我覺得不管是泡芙皮或千層派的派皮，稍微吸收鮮奶油水分的狀態才美味」主廚如此表示，所以他不採取收到訂單才擠鮮奶油的作法，而是完整做好後放在展示櫃裡販售，蛋白餅雖會受潮，但為了確實保留酥脆口感，他把蛋白餅做得比較厚。

底座上放上澀皮和栗甘煮，再擠上栗子風味的慕斯包覆。慕斯中使用的栗子醬是沙巴東公司的產品。提起蒙布朗，大家常會連想到熟悉的沙巴東公司的栗子醬和鮮奶油的味道。從整體的構成來看，慕斯的份量並不多，但奶油和卡士達醬的豐盈厚味，具有強化栗子風味的效果。

表面的栗子鮮奶油同樣是用沙巴東公司的栗子鮮奶油，和乳脂肪成分38%的鮮奶油以等比例混合，攪打發泡而成，完成後栗子的味道豐厚，口感輕盈。

「為了不讓基本材料的味道變淡，我去除多餘的部分和裝飾」正如主廚所說，這款甜點直接傳達的栗子風味與香味，充分展現出蒙布朗的特色。

宇治田主廚很重視店內的展示和商品整體呈現出的季節感，雖然蒙布朗的素材是全年均可購得，只要製作便能銷售，不過該店仍堅持只在秋季至隔年春季的栗子產期才供應。

Pâtisserie
Les années folles

店東兼甜點主廚 **菊地 賢一**

蒙布朗

500日圓／供應期間 全年

底座使用肉桂風味的酥片。栗子奶油醬中，重疊卡士達醬、香堤鮮奶油，以及杏仁鮮奶油，以突顯栗子的美味。

糖粉

撒上不易融化的防潮糖粉來表現雪景。

香堤鮮奶油

在乳脂肪成分38%的清爽鮮奶油中，加入10%糖，再以香草精增加風味。

卡士達醬

加入溫潤柔和的卡士達醬，增加風味和口感上的變化。

40%牛奶巧克力

具有黏合酥片和杏仁鮮奶油的作用，以及增加風味變化的效果。

瑞士蛋白餅

雖然是很小的元素，但質地細緻。酥鬆輕盈的口感，成為整體的重點特色。

栗子奶油醬

使用法國Imbert公司的栗子醬和栗子泥，加入奶油增加濃郁風味，再加入使後味更濃厚的威士忌來提升香味。

澀皮和栗甘煮

愛媛縣和高知縣產的澀皮和栗甘煮，以黑蘭姆酒醃漬後使用。

杏仁鮮奶油

烘烤後刷上蘭姆酒，呈現令人衝擊的風味，為了使口感、味道、香味和外觀增加變化，特別組合這個元素。

酥片

肉桂風味和酥脆口感，令人印象深刻的酥片展現特色。

徹底提引出栗子的風味與香味
經過反覆檢討的元素與構成

材料和作法

蒙布朗

酥片（5個份）

無鹽奶油 …… 45g
紅糖 …… 45g
A
- 低筋麵粉 …… 45g
- 杏仁粉 …… 45g
- 肉桂粉 …… 1.5g

鹽之花（Fleur de sel）…… 0.2g

1. 乳脂狀的奶油中加入紅糖攪拌混合。
2. 加入預先過篩混合的A和鹽之花，用刮板如切割般混合。
3. 將**2**的麵團混成一團後，用手揉搓成大小均勻鬆散的顆粒狀。
4. 烤盤上鋪上矽膠烤盤墊，放上直徑5㎝的中空圈模，放入**3**約3㎜厚，用手輕壓。
5. 放入160℃的對流式烤箱中烘烤上色（約15分鐘），稍涼後脫模。

杏仁鮮奶油（40個份）

無鹽奶油 …… 45g
白砂糖 …… 45g
全蛋 …… 45g
杏仁粉 …… 48g
蘭姆酒（黑蘭姆）…… 適量

1. 用打蛋器將變成稍硬的乳脂狀的奶油攪拌變細滑。加入白砂糖混合。
2. 蛋打散，加入整體量的⅓充分混合。一面讓材料充分混合，一面再加⅓量的蛋汁充分混合。重複這項作業，分別加入蛋汁3～4次後，攪拌成細滑狀態。為避免材料分離，加入蛋汁時，一定要混勻後，再加入下一次的蛋汁。
3. 一次加入全部的杏仁粉輕輕混合，直到整體混勻。
4. 在不沾模型中，用圓形擠花嘴將**3**擠成直徑3㎝，放入170℃的對流式烤箱中烤10分鐘。烤好後立刻刷上蘭姆酒。

卡士達醬（10個份）

鮮乳 …… 100㎖
香草棒 …… 少量
蛋黃 …… 20g
白砂糖 …… 22g
低筋麵粉 …… 5g
玉米粉 …… 5g
無鹽奶油 …… 16g

1. 香草棒縱向剖開，刮出香草豆和豆莢一起放入鮮奶中，加熱至快煮沸前熄火。
2. 在鋼盆中加入蛋黃打散，一次加入白砂糖混拌至泛白為止。
3. 加入預先過篩混合的低筋麵粉和玉米粉混合。
4. 加入**1**混合，倒回濾鍋中。開中火加熱，一面熬煮，一面用打蛋器不停混拌，以免變焦。從鮮奶油變硬的時點開始，再次一面充分混合，一面加熱至細滑狀態，這是檢視完成與否的標準。
5. 薄薄地倒入方形淺鋼盤中，表面用保鮮膜密封，再急速冷凍。

香堤鮮奶油（8個份）

38%鮮奶油 …… 100g
白砂糖 …… 10g
香草精 …… 少量

1. 混合所有的材料攪打至八分發泡。

栗子奶油醬（5個份）

栗子泥（Imbert公司）…… 100g
栗子醬（Imbert公司）…… 100g
威士忌 …… 4g
無鹽奶油 …… 60g

1. 栗子泥用橡皮刮刀攪拌變綿細後，加入栗子醬混拌至無顆粒，用網篩過濾。加入威士忌酒增加香味。
2. 在別的鋼盆中放入無鹽奶油，用打蛋器攪拌成乳脂狀，加入**1**混合。

瑞士蛋白餅（50個份）

蛋白 …… 100g
白砂糖 …… 200g

1. 在蛋白中加入白砂糖，一面混合，一面開火加熱。煮到50℃後攪打發泡，充分發泡後離火，讓它變涼。
2. 在烤盤中鋪入矽膠烤盤墊，用圓形擠花嘴將**1**擠成小的水滴形。放入70℃的平窯烤箱中，切斷電源，直接讓烤箱溫度下降來烘乾蛋白餅。

組合及裝飾

40%牛奶巧克力 …… 適量
澀皮和栗甘煮
…… 蒙布朗1個加½個
糖粉（防潮型）…… 適量

1. 在酥片中央塗上融化的牛奶巧克力，放上杏仁鮮奶油，如同覆蓋一般，擠上卡士達醬。
2. 放上澀皮和栗甘煮，如同覆蓋整體般將香堤鮮奶油擠成圓頂狀。
3. 用蒙布朗擠花嘴呈螺旋狀，在**2**的上面擠上栗子奶油醬。撒上糖粉後，再裝飾上瑞士蛋白餅。

以現代的感覺 重新製作傳統的法國甜點

店名的「Les années folles」在法語中意指「狂亂的時代」，大約是在第一次世界大戰結束後至爆發世界大蕭條的1920年代。

菊池賢一主廚關注那個充滿自由與活力，孕育多彩文化的華麗年代，並選擇它作為店名。

「本店標榜復古時尚。不是只重現傳統的法國甜點，現在，比起微調客人要求的味道和口感，我更想重新建構讓顧客吃到更美味的甜點。」

菊地主廚製作的甜點，在尊重法國甜點的傳統的同時，還賦予時代感，主廚評估日本人喜愛的蒙布朗，對該店來說是重要的產品之一，因此從開店至今一直持續製作。該店的蒙布朗全年販售，材料不論任何季節都常保相同的品質，吸引了許多回頭客的光顧，深獲好評。

尋求素材和組裝法 完成令人百吃不厭的味道

「我喜歡去探尋的感覺」菊地主廚這樣表示，玩味素材、烹調法和組裝方法，據說讓他非常快樂。

水果、堅果等因品種或產地的不同，味道和香味也不同，不同的巧克力或酒類產品，也各有特色。主廚嘗試以烤、蒸或煮等各種烹調法，找出能發揮素材特色的最佳方法。組裝時，他除了強調各素材、各元素的原味外，也顧慮到保持整體的平衡與協調。

主廚不喜歡味道濃重、味道太甜的元素，他希望組合不同的味道、口感和形式，製作出讓人吃到最後一口都不會膩的甜點。

「因為蒙布朗能充分地表現栗子的味道和香味，所以每個部分的味道和口感，形式和組裝，我都會經歷無數次失敗與試驗」。

構成要素之一的蛋白餅組裝在蒙布朗中，吸收鮮奶油的水分後會變濕，因此主廚想到放置在上面，以發揮蛋白餅特有的口感。擠成水滴形烤乾的蛋白餅裝飾在頂端，兼具酥鬆口感和可愛感，整體的造型據說也是主廚本身喜歡的。

底座主廚以法式甜塔皮等蛋白餅以外的麵團經過多次試做，最後發現法國製栗子醬的濃厚風味，適合搭配散發肉桂風味、口感酥脆的酥片。

蒙布朗中還放入具有濕潤口感和可愛外型的杏仁鮮奶油。雖然是疊在酥片上面，不過主廚覺得同樣做成薄的圓柱形沒什麼趣味，所以擠製成圓形，烘烤後立刻刷上蘭姆酒，更增衝擊口感。隨著食用，還會出現澀皮和栗甘煮和杏仁鮮奶油的兩個半球形疊出的微笑圖案。

香堤鮮奶油是用乳脂肪成分清爽的鮮奶油，經充分攪打發泡讓它飽含空氣，融口性極佳，並以香草精增添香味。

栗子奶油醬是選用具有豐厚歐洲栗味道與風味而聞名的法國Imbert公司的栗子泥及栗子醬，以等比例混合，為了提高濃郁度還加入奶油，並加入威士忌增添後味與香味。

目前，Sébastien Gaudard先生在法國是名氣享譽國內外，備受矚目的甜點師傅之一。菊地主廚擁有在Gaudard先生的巴黎店研修的經驗，用威士忌突顯栗子鮮奶油味道的手法就是從那裡學得的。

酥片的肉桂、杏仁鮮奶油的蘭姆酒、香堤鮮奶油的香草棒、栗子奶油醬的威士忌、各種香味重疊組合，使蒙布朗的風味更濃厚。

現在，主廚仍會購入各地的栗子，以各種烹調法進行加工、試作，若研發出更好的材料，未來將推出更美味的蒙布朗。

Pâtisserie Recherche

店東兼甜點主廚　村田 義武

蒙布朗

500日圓／供應期間 9月～3月左右

許多店都像製作西洋甜點般來運用栗子，主廚珍惜的是日本人對栗子的感覺，希望鮮奶油呈現和菓子般的「黏稠感」，完成這個獨樹一格的蒙布朗。

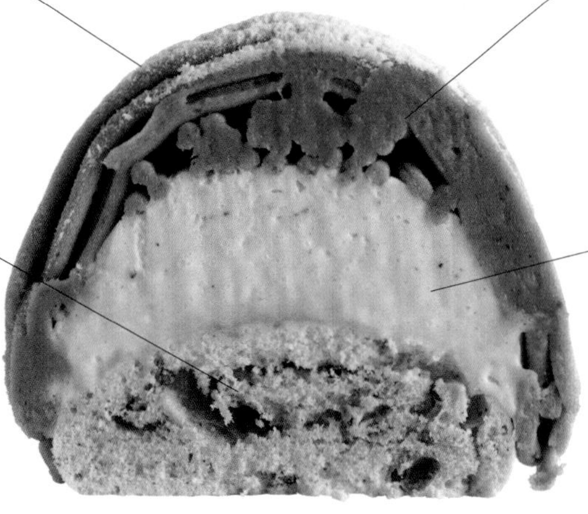

糖粉
使用裝飾用糖粉。稍微多撒一些，以呈現山頂靄靄白雪的意象。
蒙布朗鮮奶油
以洋栗為主角，以和栗表現栗子風味，類似和菓子栗子餡感覺的栗子鮮奶油。口感與其說像鮮奶油，倒不如說像餡料，給人濃縮栗子風味的印象。
榛果蛋白餅
以加入榛果粉，裡面徹底烤透的義大利蛋白霜製作而成。在蒙布朗整體中，具有突顯口感作用，給人強烈的存在感。配方、厚度和烘烤法都經過仔細計算，以呈現如黏韌焦糖般的質地。
鹽味香草香堤鮮奶油
這是能提引栗子鮮奶油（蒙布朗鮮奶油）的栗子甜味與風味，加了鹽的香堤鮮奶油。為了配合栗子鮮奶油的濃度，以呈現整體感，裡面還加入高濃度鮮奶油，變得特別濃郁。還用自製的香草糖增加香甜味。

和菓子感覺的栗子鮮奶油和
加鹽的香堤鮮奶油增加濃厚美味

材料和作法

蒙布朗

榛果蛋白餅（40個份）

義大利蛋白霜

蛋白	200g
白砂糖	400g
水	80g
糖粉	80g
榛果粉（連皮）	80g

1. 將糖粉和榛果粉混合過篩備用。
2. 將白砂糖和水熬煮至120℃製成糖漿，慢慢加入用電動攪拌機攪打發泡的蛋白，製成義大利蛋白霜。
3. 等2發泡產生黏性後，混合1。
4. 用圓形擠花嘴將3擠成直徑4.5㎝。
5. 放入130℃的烤箱中烘烤2小時。烤好後變成直徑約6㎝。

鹽味香草香堤鮮奶油（30個份）

47%鮮奶油	300g
白砂糖	15g
高濃度鮮奶油	50g
鹽	1g
香草糖（自製）	1大匙

1. 混合全部的材料攪打至八分發泡。

蒙布朗鮮奶油（30個份）

栗子醬（沙巴東公司）	800g
和栗醬（愛媛縣產和熊本縣產的混合）	200g
栗子鮮奶油（Imbert公司）	200g
無鹽奶油	200g

1. 栗子醬用槳狀拌打器攪拌變柔軟。
2. 在1中混入和栗醬，再加入栗子鮮奶油，混拌至無顆粒為止。
3. 奶油攪拌成乳脂狀，加入2中充分混合。

組合及裝飾

糖粉（飾用糖粉〔poudre d' ecor〕）……適量

1. 榛果蛋白餅上擠上鹽味香草香堤鮮奶油。
2. 在裝上粗孔蒙布朗擠花嘴的擠花袋中裝入蒙布朗鮮奶油，如同覆蓋1般擠上，改變方向從反方向來重疊擠製。
3. 撒上糖粉。

使用和栗及洋栗完成濕潤的鮮奶油

村田義武主廚表示「我忘不了吃『Angelina』的蒙布朗的感覺。它的作法簡單又具穩定感，還有讓人食指大動的美味度」。他以當時受到的衝擊感作為目標，每年不斷改良自家店的蒙布朗。

但是，主廚認為要珍惜日本人對栗子的印象，他以那樣的感覺為基礎來建構味道，他想像的蒙布朗就像和菓子般。他在如栗金團或蛋黃餡般黏稠口感的栗子鮮奶油（蒙布朗鮮奶油）中，組合鹽味香堤鮮奶油，使蒙布朗呈現出濃厚的栗子風味。底部的蛋白餅中，還以榛果增加香味，同時讓口感具有變化。他認為酒會破壞栗子的香味，所以不使用。或許是根據和菓子的形象來製作吧，許多顧客都說「這個蒙布朗真獨特！」。

栗子鮮奶油是混合和栗及洋栗兩種栗子醬來製作。雖然和栗最適合表現日本人心目中對栗子的印象，那種鬆綿的口感和香味，不過和栗醬容易變乾、口感變粗糙。為了防止栗子醬變乾，有綿細的口感，加入奶油的話，得加相當多的量，這麼一來，栗子的風味又會變得模糊。因此，主廚決定混合濕潤如餡料般的洋栗子醬，他選用的是與和栗組合絲毫沒有違和感的法國沙巴東公司製的栗子醬。而和栗醬是選用香味和口感皆具鮮明栗子感，混合愛媛縣產及熊本縣產的澀皮和栗製作成的產品。

最初，主廚將和栗與洋栗以1比1的比例混合，雖然以和栗來表現「栗子感」，不過栗子鮮奶油剛完成時的濃郁香味，會隨著時間越來越淡。因此，主廚重新修正想呈現的「栗子感」，配方改以洋栗為主。也改變不以和栗優先的整體主材料。為了調整栗子鮮奶油的柔軟度和味道，主廚添加Imbert公司製的栗子鮮奶油和奶油，雖然混拌栗子鮮奶油中會含有空氣，但若混入太多空氣風味會散失，所以即使有點難擠出，也要注意別混入太多。

香堤鮮奶油中加入鹽使整體更增濃郁風味

蒙布朗是適合秋、冬的甜點，所以當主廚考慮如何讓它的風味更濃郁時，想到了日本人使用栗子的方法。栗子不只能做甜點，也能用於料理中，水煮時也會加鹽。由此，主廚聯想到可以加鹽。不過，鹽直接加入栗子鮮奶油中，味道顯得單調，若加在香堤鮮奶油中，當栗子鮮奶油和加鹽的香堤鮮奶油在口中融合時，兩相對比便能產生厚味。同時，主廚為了讓兩種鮮奶油融化的時間一致，讓人有整體感，也下了一番工夫。即使用高脂肪的鮮奶油，但因為香堤鮮奶油會較先融化，所以主廚加入高濃度鮮奶油，讓它和栗子鮮奶油的濃度相近。

蛋白餅不是口感鬆脆、輕盈的類型，而是加入榛果粉，裡面烤成焦糖狀的義大利式蛋白餅。它具有突顯鮮奶油的作用，主廚很重視蛋白餅的口感和香味。口感方面，外表咬感酥脆，但嚼碎後會感覺黏韌。如焦糖般的質地是製作的重點，蛋白餅要烤到剝開時焦糖化的中心部能牽絲的程度，訣竅是蛋白霜要擠厚一點。此外，連皮碾製的榛果粉，也能增添整體的香味。

外型是標準的蒙布朗造型。主廚認為栗子鮮奶油的存在感很重要，擠上大量鮮奶油還能呈現輕盈感的這種外型，他覺得最美觀。用蒙布朗擠花嘴擠製栗子鮮奶油，線狀的鮮奶油重疊能形成空間，使鮮奶油口感更輕盈。為此，能重疊擠上更多鮮奶油的這種造型較佳，蒙布朗擠花嘴也要選擇口徑大一點的。味道方面，主廚逐年確認栗子產品的狀態，讓蒙布朗變得更美味，造型則是從開店至今從未改變。

Parlour Laurel

副主廚 **武藤　康生**

蒙布朗

480日圓／供應期間　全年

已傳承三代，長久以來擁有許多老主顧的該店，不論任何年代都追求熱愛的蒙布朗。以栗子瑞士卷作為底座，擠上使用和栗的鮮奶油，呈現柔和的美味。

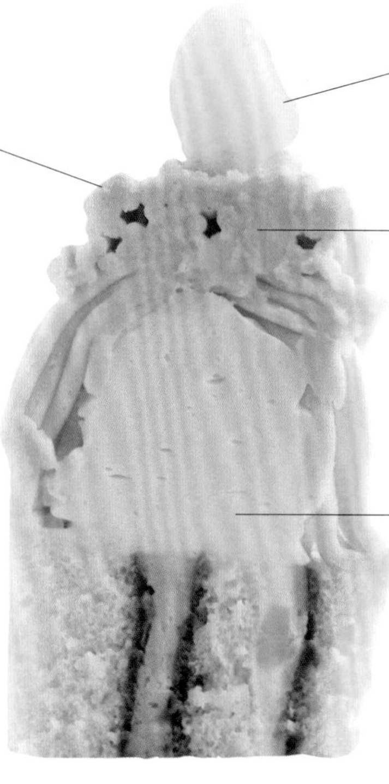

糖漬和栗（黃栗）

切成三角形，在表面塗上果凍膠增加光澤。

糖粉

撒上不易融化的糖粉。

蒙布朗鮮奶油

這是以奶油增加適當的濃厚度，口感細綿的鮮奶油。使用糖漬和栗及和栗醬，充分呈現栗子的風味。以黃栗為基本材料，呈現淡雅柔和的顏色也深具魅力。

香堤鮮奶油

為了在濃郁風味和爽口好食用之間取得平衡，混入乳脂肪成分43～44％的鮮奶油後使用。

瑞士卷

蛋糕＋
和栗醬＆鮮奶油＋
香堤鮮奶油＋
糖漬和栗（黃栗）

濕潤的蛋糕上，塗上和栗醬的鮮奶油和香堤鮮奶油，撒上碎糖漬黃栗，以增加口感。希望老少咸宜，底座採用瑞士卷。

以瑞士卷作為底座，
追求令人懷念的高雅風味

材料和作法

蒙布朗

蛋糕（60×40cm烤盤1片份）

蛋黃……9個份
上白糖……37g
蛋白霜
蛋白……162g
上白糖……75g
低筋麵粉……48g
無鹽奶油……37g

1. 將蛋黃和上白糖混合加熱至人體體溫程度，用電動攪拌機攪打發泡至泛白為止。
2. 蛋白霜用的蛋白和上白糖，放入其他的攪拌機中攪打至八分發泡，製成蛋白霜。
3. 在**1**中一面慢慢加入篩過的低筋麵粉，一面用橡皮刮刀混合，混合後，一面加入融化奶油液，一面混合。
4. 在**3**中一面分數次加入**2**，一面如切割般混合。
5. 在鋪了捲包紙的烤盤上倒入**4**，放入200℃的烤箱中約烤7～8分鐘，從烤盤取出後，放涼備用。

香堤鮮奶油（瑞士卷用和擠製用共約40個份）

45%鮮奶油……232g
42%鮮奶油……216g
白砂糖……29g

1. 將兩種鮮奶油放入電動攪拌機中，加入白砂糖，瑞士卷用是攪打至七分發泡，擠製用是攪打至九分發泡後使用。

蒙布朗鮮奶油（約35個份）

糖漬和栗（黃栗）……680g
和栗醬……296g
35%鮮奶油……172g
蘭姆酒（黑）……12g
無鹽奶油……204g
乳瑪琳……39g

1. 將糖漬和栗、和栗醬、鮮奶油和蘭姆酒放入高速粉碎機中，攪打變綿細為止。
2. 倒入電動攪拌機中，加入攪打成乳脂狀變柔軟的奶油和乳瑪琳，讓其乳化後用網篩過濾。

組合及裝飾

（9個份）
和栗醬……40g
35%鮮奶油……15g
糖漬和栗（黃栗）……適量
糖粉（防潮型）……適量
果凍膠……適量

1. 將蛋糕切成24×21cm，烘烤面塗上和栗醬與鮮奶油混合成的材料，上面薄薄地塗上攪打至七分發泡的香堤鮮奶油。在整體上撒上用手弄碎的糖漬和栗，捲包成蛋糕。
2. 將**1**切成2.6cm寬，將1塊份的瑞士卷橫倒，用6-10號的星形擠花嘴將攪打至九分發泡的香堤鮮奶油擠成4cm高（1個約9g），放入冷藏庫約20分鐘冷藏使它凝固。
3. 蒙布朗鮮奶油在擠製前，用電動攪拌機攪打泛白，以蒙布朗用擠花嘴1個擠32g。
4. 撒上糖粉，裝飾上切成三角形的糖漬和栗，在栗子表面塗上果凍膠。

廣受各世代日本人喜愛的清爽風味蒙布朗

「Parlour Laurel」於1980年創業。目前，在該店擔任副主廚的武藤康生先生，以店東兼主廚的父親邦弘先生為標杆，一面嚴謹製作日本人愛吃的清爽型蛋糕，一面納入自己學自法國、比利時的洗練精緻甜點，讓人享受到豐富、多彩的風味。

這個蒙布朗在1990年左右研發成功。「它不是正統的形式，我希望製作出只有本店才能嚐到的特有風味。」康生先生當初基於這樣的想法開始研發。他使用適合日本人味覺的「和栗」，開發出獨具一格的蒙布朗。

首先是底座，它不用蛋白餅，而選擇瑞士卷。

武藤副主廚表示「本店的顧客，許多都是多年來長期光顧的年長者，或是帶著孩子前來的家庭。因此，我希望製作任何年紀的人都容易接受，風味清爽的蛋糕，這種作法也受到顧客的認可。製作蒙布朗時，我重視它是否容易食用，因此底座選擇使用輕軟的瑞士卷。」

副主廚對於瑞士卷的作法是，直接保留重視濕潤感的蛋糕捲的烘烤面，上面薄薄地重疊塗上以鮮奶油稀釋的和栗醬及香堤鮮奶油，再撒上碾碎的糖漬黃栗，以增加口感。將瑞士卷的切面朝上放置，再擠上甜味降低的香堤鮮奶油。鮮奶油太濃郁吃起來不爽口，副主廚將兩種混合達到適度的平衡，乳脂肪成分調整成43～44％，以呈現極細緻的口感。

栗子重新以糖漿醃漬花工夫使糖度下降

蛋糕捲擠上香堤鮮奶油後，先放入冷藏庫中冷卻凝固，再擠上蒙布朗鮮奶油。

該店蒙布朗鮮奶油中所用的，是以日本產糖漬黃栗為基材，再加上高知四萬十川的和栗醬。不過只用一種栗子味道太單調，所以副主廚使用兩種，希望讓顧客同時享受兩種栗子的甜味、風味與香味。

但是，糖漬黃栗的糖度大約是45度，直接使用味道太甜會模糊掉素材的味道。因此，該店先取出黃栗，在剩下的糖漿中加入適量的水煮沸多次，直到糖漿的糖度降至35度，然後再將黃栗放回重新醃漬三天，調整成適度的甜味。

兩種栗子、鮮奶油和增加香味的蘭姆酒一起用高速粉碎機攪拌，讓栗子的顆粒完全消失。攪拌變細滑後，加入增加濃郁度用的乳脂狀奶油和乳瑪琳，混合讓它乳化，再用網篩過濾徹底消除粗糙口感，然後才用蒙布朗擠花嘴擠上。因為以黃栗為基材，呈現柔和的黃色色感，口感也柔軟綿細。至此，風味柔和清爽的蒙布朗才大功告成。

蒙布朗放入冷藏櫃中保存，鮮奶油通常會變乾。該店的蒙布朗因為使用瑞士卷，所以若沒有冰太久，吃的時候都會保持柔軟口感。店內還附設茶飲區，顧客在店內食用時，副主廚為了讓顧客吃到最佳美味，還考慮到讓蛋糕儘量回到適溫才供應。

這個蒙布朗是「Parlour Laurel」銷售排行榜第一名的商品。據說比同樣是招牌甜點的奶油蛋糕的人氣還高。

「本店的蒙布朗小孩、老人都能安心食用，因而廣受好評」武藤副主廚表示。

該店蒙布朗的特色是具有某種令人懷念的柔和風味，並與其他店區隔化，成為該店的特有商品。不過，據說副主廚仍會配合時代微調配方，在連常客都沒發覺的範圍內改進美味度。在這樣不斷默默努力下，才打造出這款保持長銷、絕無僅有的蒙布朗。

PÂTISSERIE LACROIX

店東兼甜點主廚　山川　大介

蒙布朗

520日圓／供應期間　全年（夏季除外）

具有奶油醬感覺的濃郁栗子鮮奶油，讓人能享受到慢慢變綿細的口感變化。雖然甜但餘韻佳，略帶鹹味……依照甜點原則製作的美味，是根據精心研究的配方製作而成。

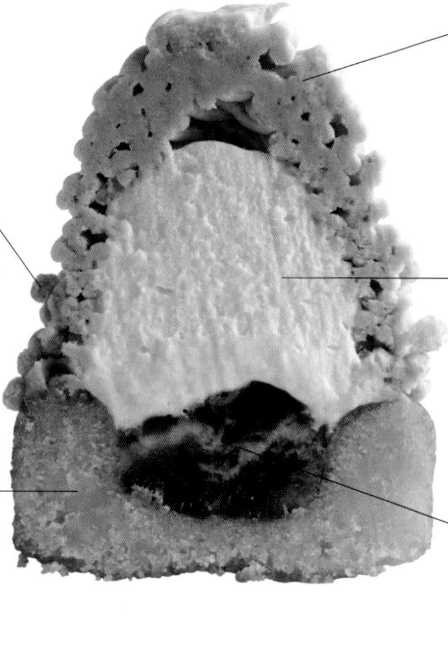

蒙布朗鮮奶油

以法國Marron Royal公司生產的栗子鮮奶油與栗子醬各半量組合，再加入發酵奶油和乳脂肪成分47%的鮮奶油，完成後味道香醇濃郁。

爆米花

帶鹹味的烤過爆米花，能突顯甜味。味道和創意兩者都是蛋糕的重點特色。

香堤鮮奶油

這是加入鮮奶油的一成量砂糖的甜味香堤鮮奶油。利用蘭姆酒的效果，讓人不覺得味道不濃膩。

費南雪蛋糕

為避免影響栗子鮮奶油的風味，不用焦化奶油液，而用融化奶油液來製作。

糖漬栗子

每個蛋糕中，放入一個甜度適中，風味如新鮮糖漬栗子般的義大利Agrimontana公司生產的糖漬栗子。

適中的甜度和
強烈存在感的設計引人注目

材料和作法

蒙布朗

費南雪蛋糕（直徑7㎝×高2.4㎝的薩瓦蘭蛋糕模型48個份）

冷凍蛋白 …… 500g
蜂蜜 …… 200g
白砂糖 …… 500g
杏仁粉 …… 200g
低筋麵粉 …… 200g
融化的發酵奶油 …… 50g

1. 將蛋白、蜂蜜和白砂糖混合，用打蛋器混拌。不是攪打發泡，而是混拌消除蛋白的韌性。
2. 將杏仁粉和低筋麵粉混合過篩，加入**1**中混合。
3. 將融化奶油液加入**2**中混合，放入冷藏庫一晚讓它鬆弛。
4. 將**3**放入薩瓦蘭蛋糕模型中至八分滿。
5. 烤箱上、下火都以200℃先預熱備用。放入**4**，將上火、下火都降至185℃烘烤15分鐘，反轉烤盤再烤6～7分鐘。

蒙布朗鮮奶油（48個份）

栗子鮮奶油（Marron Royal公司）…… 500g
栗子醬（Marron Royal公司）…… 500g
發酵奶油 …… 300g
47%鮮奶油 …… 100g

1. 將栗子鮮奶油與栗子醬混合，用電動攪拌機的中速混合均勻。
2. 奶油放在室溫中回軟攪拌成乳脂狀（但是，奶油過度融化香味會散失，所以變軟至容易混合的程度即可）。
3. 在**1**中加入**2**，以中速直接混拌至泛白為止。
4. 加入鮮奶油混合。

香堤鮮奶油（48個份）

38%鮮奶油 …… 650g
白砂糖（微粒）…… 65g
蘭姆酒（Negrita Rum）…… 32g

1. 全部的材料放入電動攪拌機中，以中速攪打成含有空氣的七～八分發泡。發泡程度太軟，蛋白質和水分容易分離坍塌，這點須注意。

組合及裝飾

（48個份）
糖漬栗子（Agrimontana公司）…… 48個
爆米花 …… 適量

1. 爆米花烤成焦褐色，放涼備用。
2. 在費南雪蛋糕的凹陷處上，放上1個糖漬栗子。
3. 在裝了10號圓形擠花嘴的擠花袋中裝入香堤鮮奶油，在費南雪蛋糕上擠成山型。擠在費南雪蛋糕邊緣稍微內側處，之後較容易擠蒙布朗鮮奶油。至此，先放入冷凍庫中冷凍使它凝固。
4. 在裝了蒙布朗擠花嘴的擠花袋中裝入蒙布朗鮮奶油，在**2**的周圍呈螺旋狀擠出高度。開始擠製時注意不要溢到外面。
5. 將**1**黏在蒙布朗鮮奶油的下部周圍。

栗子鮮奶油味道濃厚
呈現奶油醬的風味

陳列在「LACROIX」店內的許多冷藏類甜點，都被譽為法國甜點的王道，不過究竟是加入何種要素，才呈現出「LACROIX」的特有風格呢。以這款蒙布朗來說，除了承襲栗子和蘭姆酒的經典組合外，底座採用費南雪蛋糕，周圍還裝飾上爆米花。從造型上，也能讓人一眼認出是「LACROIX」的蒙布朗，它是該店每天都熱銷一空的人氣商品。

山川大介主廚製作甜點時，會先在腦海中組裝。源自過去經驗和味道記憶設計出的甜點，在構思階段大致已完成，主廚接著試作一次或頂多兩次，只是為了要確認配方。製作蒙布朗時也一樣，構思的樣子和最後成品之間的差異點，只有作為重點特色的爆米花。

擔任主角的栗子鮮奶油（蒙布朗鮮奶油），是用Marron Royal公司的栗子鮮奶油與栗子醬，以1比1的比例混合製作而成。主廚也試用過Marron Royal公司以外的產品，不過他覺得其他產品的味道都太濃，所以選擇這款已加糖，又有水果味的產品。

山川主廚心目中栗子鮮奶油的感覺要像奶油醬。奶油醬在冰冷的狀態下，能夠品嚐到一種濃縮的美味，隨著升至常溫，還能享受到逐漸變軟的綿細口感。主廚希望栗子鮮奶油也能呈現這樣的美味。和其他所有商品一樣，奶油是選用發酵奶油，並加入乳脂肪成分47%的高脂鮮奶油來增添濃郁厚味。主廚認為奶油能活用於混合素材中，所以也能襯托栗子的風味。

香提鮮奶油中加入
不影響栗子風味的蘭姆酒

山川主廚使用蘭姆酒的目的，比起增加蒙布朗的香味，他更著眼於使蛋糕整體的甜味變柔和。雖然也有加入栗子鮮奶油的作法，但考慮到栗子的風味和蘭姆酒的香味互相抵觸，所以主廚採取加入香提鮮奶油中的作法。除了不影響栗子的風味外，香提鮮奶油中有蘭姆酒香，吃的時候不但更清楚感受蘭姆酒的輪廓，而且整體的甜度也不會變得太甜膩。最近香提鮮奶油採用較甜的配方，加入鮮奶油量一成比例的砂糖。山川主廚表示「我沒想過要減少甜味。吃的時候覺得味道太甜，是因為甜味太突出，這是平衡的問題。若整體能達到平衡，應該不會注意到甜味」。蘭姆酒是使用Negrita Rum，能夠有效地發揮其濃郁的風味與香氣。

底座選用費南雪蛋糕，是因為要組合不干擾主角栗子鮮奶油口感的元素。主廚基於吃過各式蒙布朗及不斷製作的經驗，他覺得蛋白餅太輕盈有種違和感，塔又有和鮮奶油好似分離的感覺。而費南雪蛋糕黏稠的口感和栗子鮮奶油的口感最相似，所以選用它。費南雪蛋糕作為烘烤類甜點販售時，是使用奶油焦糖液製作，不過蒙布朗用的費南雪蛋糕中，使用的是融化奶油液。因為並不是要品味費南雪蛋糕的風味，畢竟它只是蒙布朗的一部分，所以主廚不希望奶油焦糖的香味破壞了栗子鮮奶油的風味。用薩瓦蘭蛋糕模型烤好後，在中央的窪陷處放上1個糖漬栗子。糖漬栗子是採用減少甜味，充分展現栗子個性的Agrimontana公司的產品。

費南雪蛋糕占整體份量的一半不到，上面放上大量加了蘭姆酒的香提鮮奶油，周圍再擠上栗子鮮奶油。最後，在山腳部分鑲嵌上爆米花。最初主廚還懷疑爆米花這種米素材和蒙布朗不知是否合味，試做之後發現，鹽味不僅成為絕佳的重點，而且為了延緩受潮經過烤過後，金黃的烤色也很漂亮。於是，造型獨特又有存在感的蒙布朗便完成了。

matériel

店東兼甜點主廚 **林　正明**

蒙布朗

420日圓／供應期間　全年

為強調和栗原有的味道與香味，主廚在使用和栗醬的栗子鮮奶油和栗子香堤鮮奶油中，組合杏仁蛋白餅。雖然簡單，但主廚仍不斷追求更高的完成度。

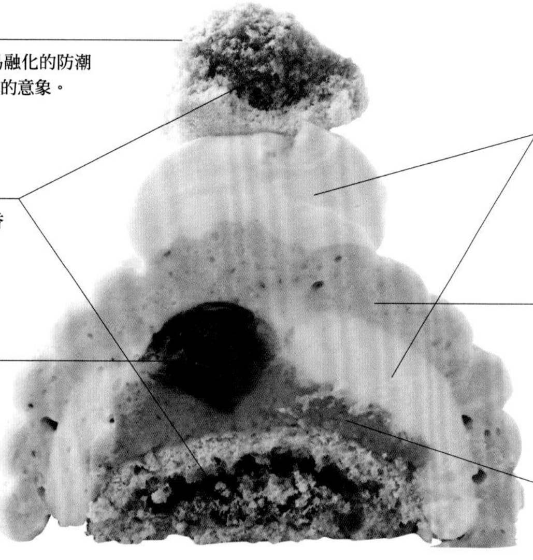
糖粉
在頂端撒上不易融化的防潮糖粉，以表現雪的意象。
杏仁蛋白餅
烘烤至焦糖化、散發濃郁香味，且具有豐盈的杏仁風味。
澀皮和栗甘煮
將澀皮和栗甘煮先冷凍，再解凍，呈現柔軟的口感。
香堤鮮奶油
在乳脂肪成分稍高的鮮奶油中，加入脫脂濃縮乳，完成濃郁又輕盈融口的鮮奶油。
栗子香堤鮮奶油
在和栗醬中，混合迪普洛曼鮮奶油、香堤鮮奶油和鮮奶油，完成濃郁、爽口的栗子香堤鮮奶油。
栗子鮮奶油
在迪普洛曼鮮奶油中，混入3倍量的和栗醬，讓人充分感受到細滑、濃郁的栗子風味。

不同口味的蒙布朗

巴黎淑女蒙布朗

→P158

甜味纖細的和栗鮮奶油和
芳香的蛋白餅襯托出輕盈美味

材料和作法

蒙布朗

香堤鮮奶油（備用量）

42%鮮奶油 …… 1kg
脫脂濃縮乳 …… 30g
白砂糖 …… 75g

1. 混合全部的材料充分攪打發泡。

迪普洛曼鮮奶油（備用量）

卡士達醬（※1）…… 適量
香堤鮮奶油
（參照「香堤鮮奶油」）
…… 卡士達醬的½量

※1 卡士達醬
（完成約1kg）

鮮奶 …… 610g
42%鮮奶油 …… 190g
香草棒 …… 1根
蛋黃 …… 160g
白砂糖 …… 200g
低筋麵粉 …… 32g
玉米粉 …… 32g

1. 在鍋裡放入鮮奶、鮮奶油，以及剖開香草棒從中刮出的香草豆和豆莢，加熱煮沸。
2. 同時進行，在蛋黃中加入白砂糖，充分攪拌混合成泛白的乳脂狀。加入預先過篩混合的低筋麵粉和玉米粉混合。
3. 在**2**中慢慢加入**1**混合，一面用網篩過濾，一面倒回鍋裡。以大火加熱，一口氣煮至完全沒有粉末感。倒入方形淺鋼盤中，在表面用保鮮膜密封，再急速冷凍。

1. 將卡士達醬打散成容易使用的硬度，用打蛋器將它和香堤鮮奶油充分混勻。

栗子鮮奶油（約80個份）

和栗醬 …… 720g
迪普洛曼鮮奶油
（參照「迪普洛曼鮮奶油」）…… 240g

1. 弄散的和栗醬和迪普洛曼鮮奶油混合變細滑。

杏仁蛋白餅（約80個份）

蛋白 …… 200g
白砂糖 …… 400g
杏仁粉 …… 50g

1. 將蛋白和白砂糖200g攪打發泡製成硬式蛋白霜。
2. 加入剩餘的白砂糖200g和杏仁粉，用橡皮刮刀充分混合。
3. 在鋪了烤焙紙的烤盤中，用圓形擠花嘴擠成直徑4.5㎝的圓形，在加熱過已熄火的烤箱中靜置一晚乾燥。
4. 隔天，放入150℃的對流式烤箱中約30分鐘，烘烤成焦褐色。

栗子香堤鮮奶油（約80個份）

和栗醬 …… 2236g
迪普洛曼鮮奶油（參照「迪普洛曼鮮奶油」）…… 600g
42%鮮奶油 …… 314g
香堤鮮奶油（參照「香堤鮮奶油」）
…… 1120g

1. 將全部的材料混合變細滑。

組合及裝飾

（約80個份）
瀝皮和栗甘煮（※瀝除糖漿冷凍，再解凍使用）…… 80個
杏仁蛋白餅（碎成一口大小的）
…… 適量
糖粉（防潮型）…… 適量

1. 杏仁蛋白餅上，用圓形擠花嘴薄薄地擠上栗子鮮奶油。
2. 在直徑5㎝的圓頂形不沾模型中，擠入香堤鮮奶油至六分滿，中央放入瀝皮和栗甘煮。
3. 將**1**的栗子鮮奶油側朝下，放到**2**上，放入冷凍庫中冷凍使它凝固。
4. 將**3**脫模，杏仁蛋白餅側朝下。用圓形擠花嘴，在整體如覆蓋般擠上栗子香堤鮮奶油，在頂點擠上香堤鮮奶油。裝飾上杏仁蛋白餅，撒上糖粉。

作為栗子甜點的代表
分為全年商品和期間限定品

以製作日本人喜愛的纖細、輕盈甜點而廣受大眾好評的「matériel」，共推出兩款蒙布朗。一是以和栗製作，用圓形擠花嘴擠出令人印象深刻的粗條栗子香堤鮮奶油的「蒙布朗」，以及以洋栗製作，具有搶眼的時尚金字塔造型的「巴黎淑女蒙布朗」。

「我很尊重法國甜點，不會做出和法國甜點不相稱的事」林正明主廚說道。嚴格說起來，蒙布朗並不屬於法國甜點的範疇，它比較屬於家庭或餐廳的點心。

主廚表示「但是，蒙布朗現在大概可以算是法國甜點了。製作所謂栗子類甜點時，能讓人充分感受栗子風味的蒙布朗，正是最佳代表，它已成為法式甜點店的必備商品。」

此外，主廚認為蒙布朗是不論任何年齡或性別，各階層顧客都喜愛的人氣商品，在經營上也占有重要地位。這樣的商品應該製作。

該店的「蒙布朗」具有較高的人氣，為因應顧客的需求全年製作，而「巴黎淑女蒙布朗」則是9月～隔年3月的期間限定商品。

能夠徹底呈現
和栗美味的簡單配方

首先是素材，林主廚說道：「若有好素材，配方很簡單就行了。若使用加工進口的海外栗子產品，為了使味道均勻，雖然能靈活組合巧克力或焦糖等其他味道，但是和栗最好還是活用其原味，不隨便加東加西比較好。」正如主廚所說，該店的「蒙布朗」配方，就是要讓顧客更鮮明地感受到和栗獨特的高雅甜味和芬芳。

主廚使用的栗子，是具有鬆綿口感特色的熊本縣產的和栗醬。栗子香堤鮮奶油的作法是，在栗子醬中只混入迪普洛曼鮮奶油、鮮奶油和香堤鮮奶油，完全不用利口酒來增加香味。作業過程中，迪普洛曼鮮奶油中混入香堤鮮奶油時，製作訣竅是不過度混拌，讓它變細滑即可，以免口感變得粗澀，這點須留意。

底座的杏仁蛋白餅，材料也只有蛋白、砂糖和杏仁粉，但是經過徹底烘烤，成為芳香四溢的焦糖狀。

這個蒙布朗的特色是整體口感柔軟、容易食用，主廚花工夫將澀皮和栗甘煮先冷凍再解凍，使口感變柔軟，以便和其他部分保持平衡。

讓杏仁蛋白餅和澀皮和栗甘煮黏合，在味道上加入重點的栗子鮮奶油，是混合和栗醬和其三分之一量的迪普洛曼鮮奶油，具有豐盈的栗子風味。

每個部分雖然簡單，但因為都經過細膩的處理作業，所以能享受到不同風味的和栗口感。

此外，雖然並不是做很大的改變，但據說主廚每天都有微調配方，在保持一定水準的最低限度下，主廚不惜花費工夫和時間，致力追求呈現更美味的蒙布朗。

另一個「巴黎淑女蒙布朗」，主廚表示：「當初是以餐後甜點的角度來發想製作。希望讓顧客享受素材調和的美味」，這個蒙布朗組合了法國和日本栗子、牛奶巧克力，以及和核桃對味的多種素材。

放入蒙布朗中的是，迪普洛曼鮮奶油及和栗醬混合後擠入圓形模型中，放入冷凍庫冷凍凝固的栗子迪普洛曼鮮奶油，以及裹上蘭姆酒的澀皮和栗甘煮。

底座的蛋糕和其上面塗抹的巧克力淋醬中都使用核桃，利用香味來適度地抑制甜味。

Pâtisserie La Girafe

店東兼甜點主廚　本鄉　純一郎

蒙布朗

535日圓／供應期間　全年

在「Girafe法式甜點店」，每種甜點都有明確的形象，蒙布朗的特色是「道地傳統的法國甜點」。它基本的構成是濃厚的鮮奶油和入口即化的蛋白餅。

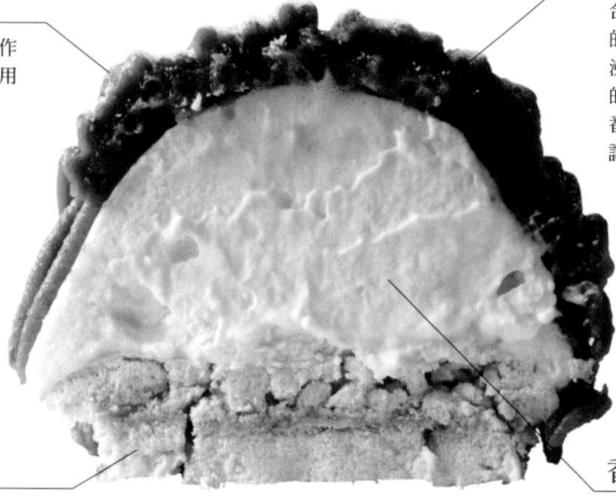

糖粉

承襲法國的蒙布朗甜點作法，撒上糖粉。使用裝飾用的不易融化的糖粉。

栗子鮮奶油

用西班牙產栗子醬和鮮奶油混合而成。為了製作濃郁、厚重的鮮奶油，鮮奶油不打發，煮沸後加入其中，以排除栗子醬的空氣。威士忌和蒙布朗的定番組合蘭姆酒一起加入其中，讓人感受到更濃郁的栗子香味。

蒙布朗蛋白餅

攪打發泡變硬的蛋白霜，以低溫慢慢烘烤讓它變乾。烤得像馬卡龍一樣出現蕾絲裙，表面不龜裂，最大的特色是耐濕氣。

香堤鮮奶油

將乳脂肪成分42%的鮮奶油攪打至八分發泡（實際使用的是47%和37%的鮮奶油混合成約42%的濃度）。這樣的份量，除了表現蒙布朗的「鮮奶油感」外，和栗子鮮奶油和蒙布朗蛋白餅，同時也保持入口即融的均衡口感。

意識著古典法國甜點
突顯店家個性的蒙布朗

材料和作法

蒙布朗

「蒙布朗蛋白餅」（50～55個份）

蛋白 …… 156g
白砂糖 …… 273g
糖粉 …… 58.5g

1. 用電動攪拌機攪打蛋白，打散。
2. 蛋白攪打發泡後，加入白砂糖，充分攪打到尖端會豎起的發泡程度。
3. 將篩過備用的糖粉加入**2**中，混合。
4. 在裝了直徑1.5cm的圓形擠花嘴的擠花袋中裝入**3**，擠成直徑5.5cm的圓扁形，暫放讓它變乾。
5. 烤盤下再重疊一片烤盤，放入上火130℃、下火110℃的烤箱中，打開風門。
6. 烤出蕾絲裙後，保持打開風門狀態，將上火升為140℃、下火120℃。
7. 蕾絲裙烤到變焦褐色，上火再降為100℃、下火100℃，烘烤後乾燥一晚。

蕾絲裙出現後，膨脹力向上作用，容易產生厚度。擠製時，要將最後的頂點壓扁，烘烤後才不會過度膨脹。烤好的高度約1.5cm。

栗子鮮奶油（約15個份）

栗子醬（西班牙產／Jose Posada公司）…… 1000g
47%鮮奶油 …… 100g
蘭姆酒（Negrita Rum）…… 30g
威士忌（Canadian Club）…… 30g

1. 栗子醬用電動攪拌機充分攪拌。
2. 鮮奶油煮沸後，慢慢加入**1**中混合。
3. 將**2**用網篩過濾。涼了之後密閉冷藏保存。

※在擠製前，再加入蘭姆酒和威士忌（參照「組合及裝飾」）。

香堤鮮奶油（約10個份）

42%鮮奶油 …… 400g
白砂糖 …… 20g

1. 在鮮奶油中加入白砂糖，攪打至八分發泡。

組合及裝飾

糖粉（飾用糖粉）…… 適量

1. 將香堤鮮奶油裝入裝了圓形擠花嘴的擠花袋中，擠到蒙布朗蛋白餅上，用抹刀調整成隆起的圓頂狀。放入冷凍庫中冷凍使它凝固。
2. 冷藏備用的栗子鮮奶油，如同要黏在鋼盆中般將它抹開，隔水加熱，用橡皮刮刀一面混合，一面加熱至30℃。加入蘭姆酒和威士忌酒混合。
3. 在裝了蒙布朗擠花嘴的擠花袋中裝入**2**，如覆蓋般擠到**1**上，改變方向重疊擠製。
4. 用抹刀抹去周邊多餘的鮮奶油，撒上糖粉。

排除空氣
成為濃郁厚重的鮮奶油

本鄉純一郎主廚對於蒙布朗的看法十分直截了當。

「蒙布朗是傳統的法國甜點，承襲法國的蒙布朗作法是理所當然的」。因此，即使是栗子，主廚從頭到尾沒想過要用和栗。他選用自認為是西洋栗子中最好的產品。蒙布朗整體的構成也是正統的蛋白餅，再組合鮮奶油和栗子鮮奶油。味道又甜又濃。

以此觀點選用的栗子，主廚嘗試後發現風味最濃厚的是西班牙產的栗子醬。在這個栗子醬裡加入鮮奶油，再加上蒙布朗不可或缺的酒香，就成為栗子鮮奶油。配合日本人的喜好，大部分栗子鮮奶油都是輕盈的口感，但是，「我希望儘可能地濃郁、厚重」，本鄉主廚的感覺剛好相反。為了排除使口感輕盈、味道變淡的重要元素空氣，鮮奶油不必打發。不僅如此，主廚將它煮沸趁熱加入栗子醬中，利用其熱度排除栗子醬中的空氣。排除空氣後密度增高，讓人明顯感受如巧克力淋醬般的濃厚風味。

這樣做好的栗子鮮奶油以網篩過濾，成為綿密、黏稠近似餡料的鮮奶油。在此階段先冷藏，擠製前再隔水加熱，讓它變柔軟後較容易擠出。酒類也是這時候加入。在最後階段加入，香味更持久。

蒙布朗中雖少不了蘭姆酒的香味，不過主廚也使用威士忌。栗子醬或許是因為栗子帶澀皮一起碾碎，在堅果的芳香中散發一種森林的香味，主廚配合這種木質的香味加入威士忌，使蒙布朗的香味更濃郁。威士忌是使用熟成後散發酒桶香的Canadian Club，蘭姆酒則選用香氣濃厚的Negrita Rum，兩種酒混合後，呈現其他酒都沒有的個性香味。

蛋白餅用不同的烤法
味道不變又能預防濕氣

「蒙布朗蛋白餅」（蒙布朗的底座）是使用蛋白霜製作。主廚希望有口感，但不希望蛋白餅殘留在口中，所以只用蛋白和砂糖製作簡單的蛋白餅。雖然有各種預防濕氣的方法，不過本鄉主廚的方法是在烘烤上下工夫。烘烤上做些改變，蛋白餅的味道也不會變。蛋白餅中容易滲入鮮奶油的水分，是因氣泡形成裂紋。蛋白餅的表面若很光滑，水分不易滲入，便能延緩受潮。既然如此，主廚想到烘烤蛋白餅時，讓空氣從表面以外的地方排出不就行了嗎，因此他採取馬卡龍的烤法。若像馬卡龍一樣烤出蕾絲裙，讓蛋白霜的氣泡從側面排出，表面就像形成擴張膜般變得光滑。蛋白餅裡面要徹底烤乾也很重要。蕾絲裙的氣泡若變成焦褐色，表示裡面已充分烤透。

配合栗子鮮奶油，香堤鮮奶油是使用乳脂肪成分42%的鮮奶油。食譜配方中雖寫42%的鮮奶油，但實際上，主廚是用35%和47%的兩種鮮奶油混合而成。本鄉主廚表示「我混合兩種鮮奶油想找出最適當的比例，42%便是摸索的結果」。他減少香堤鮮奶油的糖度，只加5%的糖。因栗子鮮奶油味道很濃厚，所以發泡鮮奶油加這些糖就行了，不過主廚說「我覺得不像法國那樣的香堤鮮奶油，就不是蒙布朗了」，所以他不想改變香堤鮮奶油。

主廚製作古典甜點時，僅有極少的比例展現自我的風格。因此，每個部分的比例也變得很重要。他決定濃厚的栗子鮮奶油份量少，香堤鮮奶油份量多。蛋白餅的大小，最初要讓人吃到鬆脆的口感，隨後能和入口即化的鮮奶油一同消失。吃後餘韻能感受到酒香。一面承襲法國的蒙布朗，一面又展現出「Girafe」的風格，這個蒙布朗實現了本鄉主廚想要的絕妙平衡。

PÂTISSIER
JUN HONMA

店東兼甜點主廚　本間　淳

蒙布朗

450日圓／供應期間　全年

這是一款高度很高、造型搶眼的蒙布朗。使用義大利風味濃厚的栗子，以黑醋栗作為含大量鮮奶油的蛋糕中的重點特色。其酸味能提引蛋糕的風味，使顧客很容易食用。

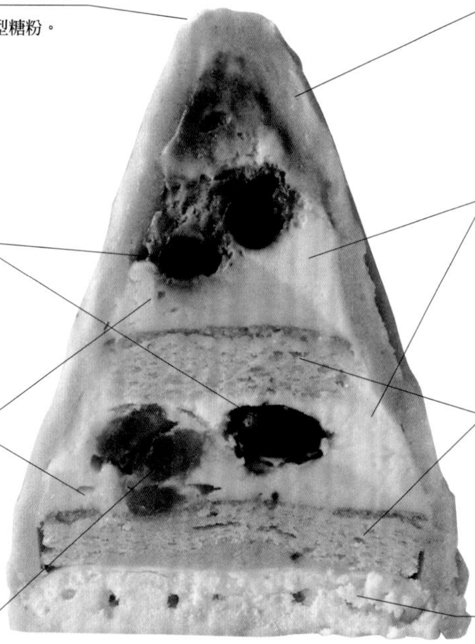

糖粉

撒上不易融化的防潮型糖粉。

黑醋栗

在一個蛋糕中，放入4～5顆與栗子合味的黑醋栗。在富含鮮奶油的蛋糕中加入酸味，成為不膩口的美味。

輕卡士達醬

只有香堤鮮奶油味道略顯單調，所以重疊香濃的輕卡士達醬。這是在卡士達醬中混入20%量的香堤鮮奶油。

糖漬栗子

使用法國製糖漬栗子。撒入碎栗子，讓叉子從任何地方插入，都能享受到同樣的美味。

栗子鮮奶油

使用義大利Agrimontana公司的栗子醬和鮮奶油，呈現濃厚的栗子風味。從下往頂點斜向擠製，使蛋糕造型顯得十分高雅。

香堤鮮奶油

使用脂肪成分45%，味道濃厚、富風味乳的鮮奶油。只攪打至五分發泡的稀軟度，以呈現入口即化的細綿口感。在模型中和各部分重疊後，放入冷凍庫中冷凍使其凝固。

杏仁蛋糕

下面墊上蛋糕，是為了避免鮮奶油的水分滲入蛋白餅中。在鮮奶油中也夾入一片，配方豪華的蛋糕使蒙布朗更添風味。

蛋白餅＋淋面用巧克力

先放入加熱已熄火的烤箱，之後再慢慢烘烤2小時讓水分蒸發，成為酥鬆狀態。為避免吸收濕氣，再裹覆上白巧克力。

不同口味的蒙布朗

御殿山的蒙布朗

→P158

以黑醋栗為焦點的時尚蒙布朗

材料和作法

蒙布朗

蛋白餅（約80個份）

白砂糖……100g
糖粉……100g
淋面用巧克力（白）……適量

1. 在蛋白中分數次加入白砂糖，用電動攪拌機攪打至七分發泡。
2. 在1中加入糖粉，用橡皮刮刀充分混合。
3. 在裝了直徑1cm的圓形擠花嘴的擠花袋中裝入2，在烤盤上擠出直徑5cm的圓形，放入加熱已熄火的烤箱中一晚備用。
4. 隔天，放入120℃的對流式烤箱中烤2小時。
5. 烤好放涼的蛋白餅，浸入煮融的淋面用巧克力中裹覆。

杏仁蛋糕（法國烤盤60×40cm1片份／約80個份）

糖粉……125g
杏仁粉……125g
全蛋……180g
蛋白霜
- 蛋白……250g
- 白砂糖……150g

中筋麵粉……110g

1. 在糖粉和杏仁粉中混入全蛋，用槳狀拌打器攪打發泡變得泛白。
2. 蛋白和白砂糖混合充分攪打成蛋白霜，在1中用刮板如切割般混合。
3. 在2中加入篩過的中筋麵粉混合
4. 在鋪了烤焙紙的烤盤上倒入3刮平表面，放入200℃的烤箱中約烤11分鐘。

輕卡士達醬（約80個份）

卡士達醬（※）……1000g
香堤鮮奶油（45%鮮奶油・8%加糖）……200g

※卡士達醬（備用量）
鮮奶……1000g
香草棒……½根
蛋黃……160g
白砂糖……240g
玉米粉……45g
卡士達醬粉……45g
發酵奶油……150g

1. 在鮮奶中放入香草棒中刮出的香草豆，加入⅓量的白砂糖煮沸。
2. 在鋼盆中放入蛋黃和剩餘的白砂糖混合，加入玉米粉和卡士達粉充分混合。
3. 在2中加入少量的1稀釋，將2全倒入1的鍋裡，再次用大火加熱。用打蛋器一面混合，一面約煮沸5分鐘。
4. 將3離火，倒入冷凍庫用的烤盤上，用急速冷凍機急速冷凍。
5. 將攪拌成乳脂狀變軟的奶油加入4中，用槳狀拌打器混合。

1. 用橡皮刮刀將卡士達醬攪拌變軟，加入攪打至七分發泡的香堤鮮奶油，用橡皮刮刀如切割般混合。

香堤鮮奶油（約80個份）

45%鮮奶油……1000g
糖粉……80g

1. 用電動攪拌機攪打至五分發泡的程度。

栗子鮮奶油（約80個份）

栗子醬……800g
栗子鮮奶油……800g
干邑白蘭地……24g
發酵奶油……440g

1. 栗子醬中加入栗子鮮奶油，用槳狀拌打器混合。
2. 混合後，加入干邑白蘭地混合，最後加入攪打成乳脂狀的奶油混合。

組合及裝飾

（1個份）
糖漬栗子……3片
黑醋栗果實（冷凍）……4～5顆
糖粉（防潮型）……適量

1. 在直徑5.5cm×深7.5cm的圓錐形慕斯模型中，用直徑1cm的圓形擠花嘴擠上香堤鮮奶油，放入2顆黑醋栗。
2. 用直徑1cm的圓形擠花嘴擠入輕卡士達醬，再放入用直徑3cm的中空圈模割取的杏仁蛋糕。再擠上香堤鮮奶油，放入2～3顆黑醋栗。
3. 再擠入輕卡士達醬，排放上3片糖漬栗子，蓋上用直徑5cm的中空圈模割取的杏仁蛋糕，放入冷凍庫冷凍。
4. 將3脫模，放到蛋白餅上，用半排擠花嘴從底部往頂點，周圍斜向擠上栗子鮮奶油，再撒上糖粉。

多層的構造中 活用黑醋栗的效果

本間淳主廚的信念是嚴選安心、安全的材料，製作讓人每天都想吃的甜點。該店全年供應，已成為招牌的人氣商品的，就是這個「蒙布朗」。高度約9㎝的時尚造型，看起來雖然簡單，但是放在展售櫃中顯得格外搶眼。

「被視為歐洲最高峰的白朗峰（Mont Blanc），我想像是呈銳角的山峰，以此為靈感我設計了這樣的形狀」本間主廚說道。之後我親自見到白朗峰，發現它和我想像的形狀不一樣，不過蒙布朗這個高度具有份量感，因此我仍採用此造型。本間主廚從以前擔任甜點主廚的「Chez Cima」時期開始到今天，據說已連續製作這種外型的蒙布朗十多年了。

這個蒙布朗的外觀雖然簡單，但內容相反卻是多層的結構。從下開始分別是蛋白餅、杏仁蛋糕、糖漬栗子、輕卡士達醬和香堤鮮奶油，還有整顆黑醋栗。此外，重疊的杏仁蛋糕、輕卡士達醬和香堤鮮奶油中，都加入整顆黑醋栗，表面覆蓋上栗子鮮奶油。除了栗子鮮奶油以外，都用圓錐形的慕斯抹刀組裝，經冷藏凝固來維持它獨特的造型。

蛋糕構成中的重點特色是加入黑醋栗。

本間主廚說：「這是使用大量鮮奶油的蛋糕，裡面有輕卡士達醬、香堤鮮奶油和栗子鮮奶油，所以我考慮加入酸味作為重點。」在酸味水果中，黑醋栗具有獨特的濃郁酸味，一個蛋糕中放入4～5顆，即使很多鮮奶油，酸味依然濃郁，讓人吃起來覺得清爽不膩口。

另一個重點是，製作長時間仍保有酥鬆口感的蛋白餅。將蛋白餅放在熄火的烤箱中一晚讓它乾燥，隔天，再以低溫的對流式烤箱慢慢烘烤2小時。表面裹上淋面用白巧克力，即使長時間放置依然能吃到酥鬆的口感。

不論從哪裡吃起都能嚐到均勻美味的組裝法

擠在周圍上的栗子鮮奶油，主廚是使用因不含任何化學添加物而聞名，義大利Agrimontana公司的栗子醬和栗子鮮奶油。

「這種栗子醬擁有濃郁的栗子風味，攪成乳脂狀時也不易結粒，在作業上也很容易處理」本間主廚表示。這個栗子醬中加入栗子鮮奶油混合，以干邑白蘭地增加香味，最後再加入奶油增加濃郁度。加入奶油後，製作重點是儘量不打發。攪打發泡含有空氣後，擠製時容易發生龜裂的情形，所以用槳狀拌打器攪拌，以免含入不必要的空氣。

此外，本間主廚對所有蛋糕都很重視組合及裝飾。關於蒙布朗，主廚重疊組裝的想法是「360度，我希望叉子從任何角度插下，都儘量能吃到一樣的味道」。放入裡面的法國製糖漬栗子非整顆，而是散放碎栗，這也是為了讓味道均勻。「裡面放入整顆大栗子，不用叉子弄碎不好食用。蛋糕是否好食用也是我重視的問題」本間主廚說道。

不做多餘的裝飾也是主廚的原則之一。「大多數顧客都是買回家吃，顧客能否帶回漂亮外型的蛋糕，是甜點師傅的責任。為避免蛋糕的外型坍塌，或裝飾掉落，我特地設計成簡單的外型。」

這個蒙布朗具有義大利和法國的濃郁栗子風味，層疊的結構呈現多層次的美味，外觀也獨創一格，因此獲得極高的人氣。

Le Milieu

店東兼主廚　山川　隆弘

蒙布朗

520日圓／供應期間10月～1月左右

配合季節分別使用三種和栗，該店最引以為傲的是從栗子醬開始製作的自製栗子鮮奶油。僅兩種鮮奶油和蛋白餅的最少構成元素，更加突顯栗子原有的香味。

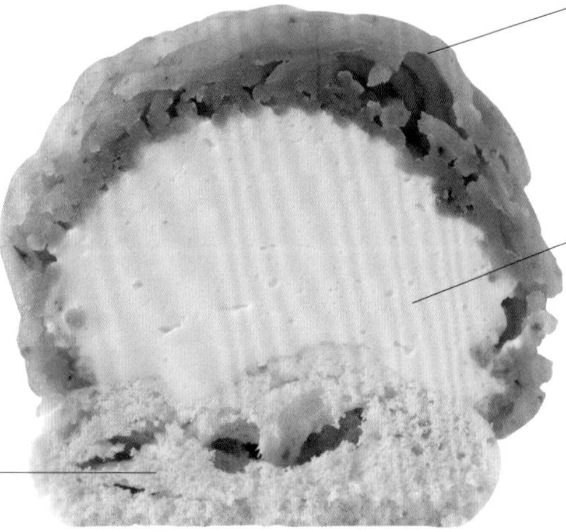

栗子鮮奶油

去殼栗仁和白砂糖一起熬煮，再過濾成栗子醬。充分濃縮栗子馥郁的香味與甜味。為避免香味散失，收到訂單後才擠製。

無糖發泡鮮奶油

為突顯栗子鮮奶油，裡面不加砂糖，用攪拌機攪打使其飽含空氣，融口性絕佳。

法式蛋白餅

混合等量的蛋白、白砂糖和糖粉，完成質地細緻、保形性高的蛋白餅。

最重視栗子的香味，
現擠的栗子鮮奶油！

材料和作法

蒙布朗

自製栗子鮮奶油
（便於製作的份量）

去殼栗仁（宮崎縣・日影「丹澤」、兵庫縣・湖梅園「丹澤」、「人丸」兩者）……1000g
白砂糖 ……約300g（糖度50°）

1. 栗子用蒸鍋約蒸40分鐘讓它變軟。
2. 和白砂糖一起放入鍋裡，一面混合，一面以中～大火加熱2～3分鐘。為避免香味散失，白砂糖迅速煮融。
3. 用網目稍大的網篩過濾成泥狀，蓋上保鮮膜放涼。

法式蛋白餅
（便於製作的份量）

蛋白……100g
白砂糖 ……100g
糖粉……100g
※蛋白可減至60g（2個份）。

1. 用電動攪拌機打散蛋白，加入⅓量的白砂糖，以高速充分攪打發泡約1～2分鐘。
2. 加入剩餘白砂糖的半量攪打發泡。再加入剩餘的白砂糖，攪打發泡至尖角能豎起來的硬度。
3. 一口氣加入篩過的糖粉混合。
4. 立刻裝入擠花袋中，用直徑1.5cm的圓形擠花嘴，擠成直徑5.5～6cm大的圓形。
5. 用100℃的橫式烤箱烤1小時，溫度升至120℃再烤20分鐘。充分放涼讓它乾燥。

無糖發泡鮮奶油（5個份）

35%鮮奶油 ……40g

1. 鮮奶油用電動攪拌機攪打發泡變硬。

組合及裝飾

1. 從上面看如同遮覆蛋白餅般，在法式蛋白餅上高高的擠上無糖發泡鮮奶油（1個約8g）。
2. 將1放在手掌上一面慢慢地旋轉，一面如覆蓋整體般用機器擠上栗子鮮奶油。栗子鮮奶油一個約擠50～60g。從上面輕輕地按壓讓鮮奶油更穩固。

配合季節分別使用三種芳香的栗子

「Le Milieu」的蒙布朗，只有栗子鮮奶油、無糖發泡鮮奶油和法式蛋白餅三種結構，接到顧客的訂單後，才會擠上鮮奶油。簡單的構成和現擠的新鮮感，最大限度地發揮了栗子的香味。

店東兼主廚的山川隆弘先生明白表示，「蒙布朗蛋糕，我最講究的是栗子的香味，味道居其次」。

「甜味可用砂糖等來調整，但香味卻沒辦法。我會挑選香味濃郁的品種，重視提引出栗子原有的風味」。

主廚過去是使用法國製栗子醬，但為了更進一步強調栗子的香味，改用生的和栗從頭自製栗子醬。

為了這個蒙布朗，山川主廚從多種產品中選出的是，經朋友介紹得知，兵庫縣三田市湖梅園栽培的最高品質的栗子。晝夜溫差劇烈的三田氣候，加上採用自製堆肥等，以注重品質、安全性的栽培法細心培育，所獲得的味道香濃、甜美的頂級逸品。

因為收成量少，栽培又很費工，價格幾乎比一般栗子貴一倍。但是山川先生極度信賴其品質，他表示「它的香味和味道其他的栗子都比不上」。

但是湖梅園只種植一種栗子，數量和販售期間都有限制，目前，主廚是分別使用三種不同時期收成的栗子。

8月下旬是宮崎縣產的早生種・丹澤。自9月中旬使用湖梅園的丹澤，之後，改用同樣是湖梅園的人丸。或許是栗子的生命力很強韌，據說在產季的最早期收成的早生種，香味較濃。

栗子收成後會放入冷藏庫10天～2週的時間，讓它熟成，使甜味增加，但香味在這期間會散失。山川主廚較注重香味，他採購的是收成後立即去澀皮，以真空包裝的栗子。

只加入砂糖。以大火一口氣蒸熟

為了直接活用栗子的風味和味道，栗子鮮奶油的材料和作法都極簡單。

去殼栗仁用蒸鍋炊蒸變得鬆軟鼓起，為了不讓栗子的香味和水分蒸發，加入砂糖後以大火一口氣蒸好。因為栗子的甜味常有變化，所以砂糖以糖度50度為標準一面微調，一面慢慢加入。為突顯栗子鮮奶油的存在感，主廚特意將甜味調整得重一點。此外，會影響栗子香味的鮮奶油、奶油和鮮奶等乳製品一概不加。因此其中的水分，只有栗子和白砂糖中所含的份量。

用網篩過濾時，追求的不是綿細的泥狀，而是有某程度的顆粒殘留，吃起來有些粗糙，這樣讓人能實際嚐到栗子鬆綿口感的栗子鮮奶油才算完成。

為了和甜味重的栗子鮮奶油取得平衡，下層的鮮奶油不加砂糖和任何其他材料。用攪拌機攪打到飽含空氣，讓它的質地變得綿細外，另一方面為避免栗子鮮奶油坍塌，製作重點是徹底打發讓它變硬。讓人能直接感受到栗子味道和口感的栗子鮮奶油及綿密的發泡鮮奶油，疊合的兩種口感和甜味的鮮明對比，也是蒙布朗的魅力之一。

將無糖發泡鮮奶油直接擠在蛋白餅上，如何保持蛋白餅酥脆的口感也是一大課題。法式蛋白餅是蛋白、白砂糖和糖粉全部等量。白砂糖的水分會弄破蛋白的氣泡，若使用水分少、粒子細的糖粉，便能提高保形性。以100℃烘烤1小時，再改120℃加熱20分鐘讓它完全乾燥，這樣完成的蛋白餅，剛烤好時不用說，就算暫放也不易受潮。

組裝時，如同覆蓋蛋白餅般高高地擠上發泡鮮奶油，接著將它放在手掌上一面慢慢地旋轉，一面用機器均勻地擠上栗子鮮奶油。

該店每年10月至隔年1月推出，栗子產期結束就停止銷售。

\+ +

LETTRE D'AMOUR
Grandmaison 白金

甜點主廚 **倉嶋　克彥**

和栗蒙布朗
630日圓／供應期間9月～1月左右

「讓經典蒙布朗展現創意」，主廚基於這樣想法，製作出這款前所未見的創意甜點。活用和栗的風味，多層次的構成，創作出法國甜點般的奧妙風味。

糖粉
撒上防潮的裝飾用糖粉。

栗子鮮奶油
愛媛縣產蒸栗醬和卡士達醬混合，用網篩過濾後，成為濃郁、細滑的鮮奶油。

海綿蛋糕
墊在下面的蛋糕，是為了防止慕斯的水分滲入杏仁蛋白餅中。上面還加入一片，讓人吃起來更滿足。

杏仁蛋白餅
儘管很薄，口感卻很紮實，是混入少量準高筋麵粉的蛋白餅。

鹹塔皮
底下墊著具有酥脆嚼感與鹹味的塔皮，更加突顯栗子鮮奶油的味道。

澀皮和栗甘煮
具有鬆綿的口感和日產栗的風味，外表裝飾上熊本產的澀皮和栗甘煮，裡面也有切碎的栗子。

可可粉
撒上可可粉，作為外觀和香味的重點。

香堤鮮奶油
47%鮮奶油和35%鮮奶油，以2：1的比例混合，調整成乳脂肪成分約42%。為了具有保形性要充分打發。

香草慕斯
作為造型主軸的餡料。倒入模型中放入冷凍庫中冷凍變硬，較容易保持外型。

栗子奶油醬
只有鹹塔皮作為底座，穩定感略嫌不足，為了補強形狀和味道，再鋪入較硬的栗子醬。

不同口味的蒙布朗

安納芋蒙布朗
→P159

南瓜塔
→P159

層疊各式各樣的餡料
能嚐到法國甜點奧妙的蒙布朗

和栗蒙布朗

鹹塔皮（pâte brisée）

發酵奶油 …… 405g
鹽 …… 9g
白砂糖 …… 13.5g
準高筋麵粉（有機小麥）…… 450g
冷水 …… 165g

1. 在鋼盆中放入攪拌變軟呈乳脂狀的奶油，加鹽和白砂糖混合。
2. 在**1**中放入篩過的準高筋麵粉混合，慢慢加入冷水混合。麵團混成一團後，用保鮮膜包好放入冷藏庫一晚讓它鬆弛。
3. 將**2**的麵團用擀麵棍擀成1.5mm厚，用直徑9cm的圓形圈模切割。
4. 將**3**一片片鋪入直徑7cm的塔模型中。
5. 在**4**中放入鎮石，放入155℃的烤箱中烤25分鐘。烤好後脫模放涼備用。

杏仁蛋白餅（約15個份）

蛋白霜
- 蛋白 …… 15g
- 白砂糖 …… 9g

杏仁粉 …… 9g
糖粉 …… 9g
準高筋麵粉（有機小麥）…… 2g

1. 在攪拌缸中放入蛋白，一面分4次加入白砂糖，一面慢慢加速攪打發泡，製作硬式蛋白霜。
2. 西班牙產和美國產的杏仁粉以等比例混合，糖粉、準高筋麵粉也混合過篩兩次。
3. 從電動攪拌機上將**1**的攪拌缸拿下，加入**2**用橡皮刮刀混合。
4. 將**3**裝入裝了10號圓形擠花嘴的擠花袋中。在烤盤上鋪上烤焙墊，從中央呈螺旋狀擠成直徑6cm的圓形。
5. 放入120℃的烤箱中烤60分鐘，降至100℃再烤20分鐘。

海綿蛋糕
（60cm×40cm 1片份・約50個份）

全蛋 …… 266g
白砂糖 …… 200g
低筋麵粉（有機小麥）…… 150g
無鹽奶油 …… 41.6g
低溫殺菌鮮奶 …… 83g

1. 在攪拌缸中放入全蛋和白砂糖，一面混合，一面讓砂糖融化，攪拌缸隔水加熱至50℃，以中速攪打發泡泛白。
2. 在**1**中加入篩過的低筋麵粉，用橡皮刮刀混合，再加入隔水加熱煮融的奶油和鮮奶迅速混合。
3. 在鋪了矽膠墊的烤盤上，倒入**2**的麵團650g，刮平表面。放入180℃的烤箱中烤8分鐘，蛋糕從烤盤取下後放涼備用。
4. 用直徑4cm和4.7cm的圓形切模切割**3**備用。

香草慕斯（約15個份）

低溫殺菌鮮奶 …… 72g
香草棒（大溪地產）…… 0.3根
白砂糖 …… 23g
20%加糖蛋黃 …… 26g
吉利丁片 …… 2.3g
35%鮮奶油 …… 100g

1. 將鮮奶、白砂糖，以及香草棒刮出的香草豆和豆莢一起放入鍋裡，開火加熱，煮沸。
2. 在**1**中加入加糖蛋黃，一面攪拌，一面煮到83℃。
3. 將**2**離火，加入已泡水（份量外）回軟的吉利丁，用手握式電動攪拌器混拌，過濾。
4. 將**3**底下放冰水，冷卻至30℃，加入攪打至七分發泡的鮮奶油混合。

◆組裝

在直徑5cm的馬芬不沾模型中，鋪入切割成直徑4cm的海綿蛋糕，倒入**4**的麵糊15g。放入熊本縣產澀皮和栗甘煮（5g切半），蓋上切成直徑4.7cm的海綿蛋糕，放入冷凍庫中。

栗子奶油醬（約15個份）

和栗醬（愛媛縣產）…… 120g
無鹽奶油 …… 36g
Saumure橙皮酒（Saumure Triple sec）…… 3.6g

1. 在鋼盆中放入和栗醬，加入攪拌成柔軟乳脂狀的奶油和利口酒混合。

栗子鮮奶油（約15個份）

和栗醬（愛媛縣產）…… 337g
卡士達醬（※）…… 202g

※卡士達醬（備用量）
鮮奶350g、20%加糖蛋黃105g、白砂糖70g、低筋麵粉（有機小麥）26g、無鹽奶油18g、香草棒（大溪地產）0.5根、香草精0.3g

1. 在鮮奶中放入香草豆和豆莢，加熱至快沸前。
2. 在鋼盆中放入加糖蛋黃、白砂糖和低筋麵粉混合。
3. 在**2**中加入**1**充分混合，倒回鍋裡開火加熱，一面用打蛋器混合，一面煮沸。一面攪拌約2分鐘，一面加熱。
4. 熄火後加入奶油混合，用食物調理機攪打後，底下放冰水冷卻。

1. 和栗醬和卡士達醬放入食物調理機中攪打混合，用網篩過濾。

組合及裝飾（約15個份）

香堤鮮奶油（42%鮮奶油・8%加糖）…… 75g
澀皮和栗甘煮（熊本縣產）…… 60g
透明果凍膠 …… 15g
巧克力裝飾 …… 15g
糖粉（飾用糖粉）…… 15g
可可粉 …… 適量

1. 在鹹塔皮上擠上栗子奶油醬10g，埋入杏仁蛋白餅。
2. 將冷凍的香草慕斯從不沾模型中取出，較廣的底面朝下，放到**1**上，上面再用10號圓形擠花嘴擠上5g香堤鮮奶油，放入冷藏庫約15分鐘。
3. 將栗子鮮奶油裝入裝了寬2cm的波形擠花嘴的擠花袋中，由下往上無間隙地擠在**2**的周圍整體。撒上裝飾用糖粉，放入冷藏庫冷藏20～30分鐘。
4. 在**3**上撒上可可粉，裝飾上塗上果凍膠的澀皮和栗甘煮和巧克力作為裝飾。

重新構築蒙布朗
追求獨創性

2007年，倉嶋克彥主廚開始以該店的甜點主廚身分大展身手。他活用在法國不列塔尼地區的修業經驗，以製作出讓人感受到法國精神，前所未見、讓人驚豔的蛋糕為宗旨。

對素材他也十分講究，使用經過嚴選的日產有機麵粉、新潟縣產的坪飼有精蛋等。使用自家農園清楚其味道的水果等製作的蛋糕，每月都會新推出3～4種，為展示櫃增添新的季節感。

該店供應的「和栗蒙布朗」也是季節限定商品之一。自2011年的秋天開始上市，至今已成為甜點迷爭購的秋冬蛋糕之一。

倉嶋主廚希望重新構築經典蛋糕「蒙布朗」，製作出形式相同，又兼具獨創性的蒙布朗，因此開發出這項商品。

「現在蒙布朗的主流形式是以蛋白餅為底座，以鮮奶油及栗子醬作為裝飾，但我想製作前所未見的蒙布朗。組合的妙趣就在於，1＋1可以等於3或4。我想要製作那種能夠享受法國甜點奧趣的蒙布朗」倉嶋主廚這樣表示。

主廚追求的最佳平衡，是由數個部分和質感組合的同時，又能傳達具有整體感的和栗獨特美味。經過不斷試做，花了兩個月終於研發出這個蒙布朗。

從外觀讓人無法想像裡面的構造，以鹹塔皮為底座，由下而上疊著栗子奶油醬、杏仁蛋白霜、海綿蛋糕、加入澀皮和栗甘煮的香草慕斯，上面再放上海綿蛋糕、香堤鮮奶油，最後周圍擠上栗子鮮奶油。味道和口感的平衡都經過仔細計算，製作出濃厚、又有豐富層次的風味。

這個蛋糕的構成，主廚究竟如何考慮它們的順序。對這個問題出乎意料地倉嶋主廚竟然說「我是先考慮外觀，我希望外型不是用蒙布朗擠花嘴擠出的傳統形狀」。

為了製作外觀，主廚先決定中心要放入香草慕斯。考慮中心使用倒入模型製作的慕斯，據說是為了方便其他員工也容易成型。不用栗子慕斯而用香草慕斯，據說是因為使用太多栗子味道會讓人厭膩，就無法突顯嚴選和栗的美味和香味。

放入冷藏庫一面緊縮
一面漂亮組裝

其他部分也各具有不同的作用。鹹塔皮是為了突顯和栗纖細的味道。據說它酥脆的口感和鹹味，與栗子鮮奶油在口中融為一體時，能夠阻斷甜味以突顯栗子的風味。

為表現口感，鹹塔皮中，使用日產小麥中，筋性較強的麵粉。但是，又不希望它的口感太硬破壞平衡，所以擀成1．5㎜的薄度。

海綿蛋糕使用兩片來夾住香草慕斯，對於慕斯多蛋糕，具有增加口感的作用。尤其是疊在蛋白餅和慕斯之間，還有防止慕斯的水分損害蛋白餅口感的作用。

蛋白餅下方的栗子奶油醬，具有使底座更穩定和補強味道的用處。雖然配方中混入奶油不易出水，不過為了不要呈現乳製品特有的香味，主廚還花工夫以柳橙風味利口酒加入淡淡的橙香味。

組裝時，在周圍擠上栗子鮮奶油前，先放入冷藏庫中冷卻，擠好栗子鮮奶油後再次冷藏，讓整體緊縮後再進行裝飾。在柔軟的栗子鮮奶油上放上栗甘煮，外型容易坍塌，所以製作重點是一面冷藏，一面花時間仔細組裝。

Pâtisserie Ravi, e relier

店東兼甜點主廚 **服部 勸央**

蒙布朗（Torche aux marrons）※

510日圓／供應期間10月下半～2月末左右

剛擠好的栗子鮮奶油，和僅吸收微量鮮奶油水分的杏仁蛋白餅一起入口……主廚研發時想像著蒙布朗味道給人的感覺，雖然外型極簡單，但所有設計都經過深思熟慮。

栗子鮮奶油

法國製栗子醬和愛媛縣產的和栗醬，以2：1的比例混合，加入少量奶油和水飴，以糖漿調整濃度，並加入香草精和干邑白蘭地增加香味。

無糖發泡鮮奶油

乳脂肪成分47％的鮮奶油攪打至七～八分發泡，成為濃郁的無糖發泡鮮奶油。它的作用是連結杏仁蛋白餅和栗子鮮奶油，因此份量較少。為了支撐擠在上面的栗子鮮奶油的重量，擠製好後冷凍備用。

杏仁蛋白餅

這是質地較粗，富口感的杏仁蛋白餅，還加入杏仁粉增添香味。杏仁粉的風味也有增強甜味和濃厚風味的效果。

※（註：亞爾薩斯地區人稱蒙布朗為「トルシュ・オ・マロン」）

供應前現擠的栗子鮮奶油
不只味道，連份量也是重點

材料和作法

蒙布朗

杏仁蛋白餅（80個份）

蛋白 ………… 330g
杏仁糖粉
- 白砂糖 ………… 75g
- 杏仁粉 ………… 65g

白砂糖 ………… 330g

1. 將杏仁糖粉的材料混合過篩備用。
2. 用電動攪拌機以高速攪打蛋白，產生粗氣泡後，加入半量的白砂糖。
3. 發泡後加入剩餘的白砂糖，充分攪打至尖端豎起的程度。
4. 將**3**從電動攪拌機上取下，加入**1**後用扁平杓混合，再用橡皮刮刀混拌調整。
5. 在裝了星形擠花嘴的擠花袋中裝入**4**，在烤盤上擠上直徑5.5cm圓形。
6. 放入120℃的對流式烤箱中烘烤一晚（最短至少3小時以上），直到裡面都烤透。

口感鬆脆、滲入適度的水分，且外型有凹凸的杏仁蛋白餅。

栗子鮮奶油（約20個份）

栗子醬（沙巴東公司） ………… 1000g
和栗醬（愛媛縣產） ………… 500g
無鹽奶油 ………… 160g
干邑白蘭地 ………… 10g
香草精（馬達加斯加島產） ………… 適量（瓶蓋½杯份）
水飴 ………… 40g
糖漿（波美度30°） ………… 100g

1. 將栗子醬、和栗醬和奶油用電動攪拌機的低速攪拌混合。
2. 加入干邑白蘭地和香草精混合。
3. 加入水飴混合。
4. 慢慢加入糖漿，一面調整硬度，一面用電動攪拌機攪拌，讓它含有空氣。

無糖發泡鮮奶油

47%鮮奶油 ………… 適量

1. 鮮奶油攪打至七～八分發泡。
2. 將**1**裝入裝了9號圓形擠花嘴的擠花袋中，擠成直徑2～3cm×高2cm的山型。
3. 冷凍。

組合及裝飾

1. 將冷凍過的無糖發泡鮮奶油，放在杏仁蛋白餅的上面。
2. 在壓筒中裝入栗子鮮奶油，如同覆蓋**1**的整體般，想像著最後完成時的外觀來擠製。

最花費心力的是栗子鮮奶油的美味

「Ravi, e relier」的蒙布朗「Torche aux marrons」是服部勸央主廚製作的唯一一種栗子甜點。對服部主廚來說，栗子的感覺像是野禽料理中所用的食材，他很難想像製作成甜點。但是偶然間，他在亞爾薩斯地區吃到「Torche aux marrons」，從此他對栗子的印象完全改觀。這個甜點的構造雖然和法國的蒙布朗相同，不過栗子的美味是活用在鮮奶油中，頓時，他興起製作的勇氣。

如蒙布朗的剖面圖（P90）中所見，可以很清楚地看到作為主角的栗子鮮奶油的份量很多。不過主廚說「因為現擠的鮮奶油最美味」，所以該店都是收到點單後才擠上鮮奶油。

這裡所用的栗子鮮奶油，是沙巴東公司的栗子醬和愛媛縣產的和栗醬，以2比1的比例混合而成。在日本，大多表現和栗原有鬆綿、清淡的「栗子感」。相對地，法國的栗子黏稠濃郁，栗子產品的味道通常很甜，而且會加入香草等來增加香味。究竟具有不同的「栗子感」的洋栗及和栗混合，能否表現栗子原有的美味呢，主廚經過無數次試驗組合，終於得出現在的配方。裡面加入為增添濃郁度的少量奶油、有延展性的水飴、用來調整濃度的糖漿，以及馬達加斯加島產的香草精和干邑白蘭地酒來增加香味。

栗子醬中雖然已加入香草，不過重複加入香草精，能使添加的香草風味更濃厚。為了活用對味道影響最小的香味，主廚是選用香草精中風味最佳的馬達加斯加島的產品。此外，他不是用蘭姆酒，而是使用干邑白蘭地，因為他覺得栗子醬深處的香味和干邑白蘭地類似。服部主廚經常使用的方法是，挑選出素材裡具有的香味和味道，組合和它相同的或類似系統的香味和味道。例如，大黃的酸味和梅子；核桃的甜味和蜂蜜等。

這樣製作出來的栗子鮮奶油中，含有適度的空氣。有人認為含入空氣後味道會變淡，或者說沒有空氣的話，味道比較凝縮，「但不能一概而論，藉由含有空氣，有時也能提引風味，甚至讓人覺得味道更濃。這個栗子醬正是因為含有空氣，才更加發揮栗子的風味與香草等的香味，同時還會產生膨軟的口感。」水飴、干邑白蘭地和香草棒等的配方，也是在最後含有空氣的狀態下適當斟酌調整，使味道的平衡變得恰到好處。

要製作得美味完成時的感覺須明確

底座雖然是普通的蛋白霜，但因為蛋白霜太甜又很細緻，所以主廚加入杏仁粉製成杏仁蛋白霜。藉由質地變粗突顯口感，加入杏仁風味讓甜度增進濃郁風味。杏仁蛋白餅比蛋白餅不易受潮，服部主廚覺得鮮奶油的水分稍微滲入杏仁蛋白餅中，比完全不受潮還要美味。因此，他用星形擠花嘴擠成凹凸條紋，成為讓水分容易滲染形狀。

無糖發泡鮮奶油負責接合，也可以暫時轉換栗子鮮奶油的味道。份量雖少，但為了讓人感覺濃郁，主廚使用乳脂肪成分47%的產品，攪打至七～八分發泡變得綿細。鮮奶油攪打出油後味道會變差，所以攪打至剛好能擠製的程度即可。但是，考慮到擠在上面的栗子鮮奶油的重量，擠好後先冷凍備用。

服部主廚表示，蒙布朗乍看之下是很單純的甜點，但我不斷製作之後，才發現它是已去除多餘部分的極簡甜點。「雖然它是古典風味，但我覺得這樣的甜點更應被傳承，繼續保存下去。作為傳承者，我希望能製作出更美味的蒙布朗。因此，了解蒙布朗的背景，思考自己要製作什麼樣的蒙布朗，找出明確的目標，我想這點相當重要」。

Pâtisserie Voisin

店東兼甜點主廚 **廣瀨　達哉**

蒙布朗

500日圓／供應期間　全年

這款人氣蒙布朗，口感酥脆的薄酥皮，以及含大量榛果的芳香塔皮，和香甜濃郁的法國製栗子鮮奶油形成絕妙的平衡。

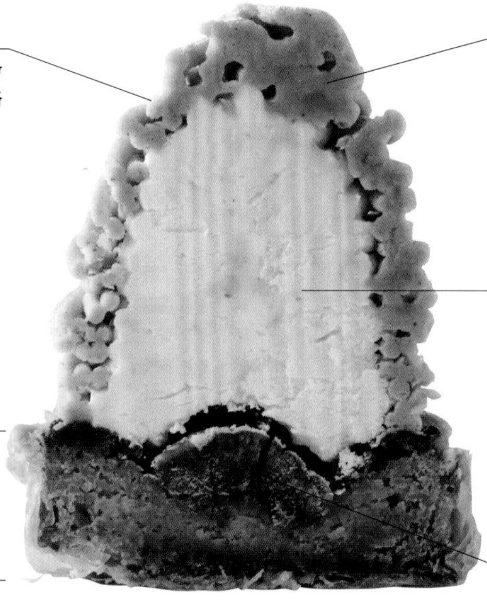

糖粉

撒太多糖粉，蛋糕整體會太甜，所以只要在頂端略撒一些就行。

栗子鮮奶油

在栗子醬和栗子鮮奶油中，輕輕混入攪打變硬的發泡鮮奶油，以免氣泡破掉。利用鮮奶油產生輕盈口感，和濃厚的法國製栗子醬與鮮奶油取得平衡。

無糖發泡鮮奶油

乳脂肪成分42%的鮮奶油攪打發泡到快要分離前。因為栗子鮮奶油有足夠的甜味，所以鮮奶油中不加糖。為避免分離，一面冷卻，一面攪打變硬。

杏仁酥皮塔

杏仁鮮奶油＋
薄酥皮

重疊4片薄酥皮，以表現酥脆的口感。裡面倒入杏仁鮮奶油後烘烤，再刷上蘭姆酒糖漿。除了添加淡淡的蘭姆酒香外，也能預防表面變乾，保持濕潤口感。

糖漬栗子

目前使用義大利Agrimontana公司的栗子。主廚希望充分呈現栗子的風味，不要混入太硬的栗子，保持品質的穩定，基於這些考量而選用該品牌的產品。

杏仁薄酥皮塔
無論何時美味依舊

材料和作法

蒙布朗

杏仁酥皮塔（約30個份）

杏仁鮮奶油
- 杏仁粉 ……… 75g
- 榛果粉 ……… 150g
- 糖粉 ……… 225g
- 全蛋 ……… 175g
- 無鹽奶油 ……… 225g
- 榛果醬 ……… 62.5g
- 蘭姆酒 ……… 25g

薄酥皮（pâte filo）（切成10㎝正方）……… 120片
清澄奶油液 ……… 適量
蘭姆酒糖漿（※）……… 適量

※蘭姆酒糖漿（備用量）
糖漿（波美度30°）……… 100g
水 ……… 30g
蘭姆酒 ……… 30g

1. 在鍋裡加入糖漿和水加熱煮沸。
2. 煮沸後加入蘭姆酒，熄火，混合。

1. 製作杏仁鮮奶油。將杏仁粉、榛果粉、糖粉混合過篩。
2. 全蛋和奶油用食物調理機攪打讓它乳化。
3. 在**2**中加入**1**，用打蛋器攪打變細滑，加入榛果醬和蘭姆酒，混合讓整體融合。
4. 組裝塔。一個酥皮塔使用4片薄酥皮。每一片都用毛刷薄塗上清澄奶油液，四角都要徹底塗到，沿對角線重疊。
5. 在直徑6㎝的塔模型中鋪入**4**，每一個擠入25g的杏仁鮮奶油，刮平表面。
6. 放入180℃的烤箱中約烤35分鐘，脫模，用毛刷在表面薄塗蘭姆酒糖漿。

栗子鮮奶油（備用量）

栗子醬（Imbert公司）……… 2000g
栗子鮮奶油（Imbert公司）……… 1000g
40%鮮奶油 ……… 1500g

1. 在攪拌缸中放入栗子醬，一面慢慢加入栗子鮮奶油，一面混合。
2. 鮮奶油充分攪打發泡直到快要分離。
3. 在**1**中加入**2**的⅓量，用橡皮刮刀輕柔地混合，混合後再加入剩餘所有的**2**，如切割般混合，以免氣泡破掉。

無糖發泡鮮奶油（1個約使用30g）

42%鮮奶油 ……… 適量

1. 攪打發泡直到鮮奶油快要分離。

組合及裝飾

（1個份）
糖漬栗子（Agrimontana公司）……… 1個
糖粉（防潮型）……… 適量

1. 在酥皮塔的中央放上糖漬栗子，在裝了直徑8㎜的圓形擠花嘴的擠花袋中，裝入攪打發泡到快分離的無糖發泡鮮奶油，在栗子上擠成山型（1個約30g）。
2. 在裝了蒙布朗擠花嘴的擠花袋中裝入栗子鮮奶油，如覆蓋無糖發泡鮮奶油般，由下往上擠（1個約50g），最後在頂端撒上糖粉。

設計口感比蛋白餅更好且能長久保存的底座

這個蒙布朗乍看之下，是上面擠上栗子鮮奶油的標準形式。但是，以酥皮塔作為底座，的確出乎許多人的意料之外。這是主廚考慮讓大多數客人外帶所設計出的蒙布朗。

２００９年該店開幕當初，據說廣瀨達哉主廚是製作使用蛋白餅的傳統樣式蒙布朗。但是，他發現蛋白餅隨著時間經過，一定會吸收鮮奶油的水分，而失去酥脆的口感。

「儘管我們希望顧客能儘快食用，可是每位顧客的情況都不同。因此，甜點師傅不是應該考慮，製作出任何時候吃起來都美味的甜點嗎？」

廣瀨達哉主廚為了製作隨時間經過仍然美味的蒙布朗，經由不斷摸索嘗試，想找出取代蛋白餅的材料，最後終於找到「薄酥皮」。

不會吸收水分，能長保美味口感，存在感又不會太突顯，還具有酥脆口感和鮮奶油細綿口感的對比趣味。基於這些理由，該店使用薄酥皮和杏仁鮮奶油製作的酥皮塔來作為底座，以取代蛋白霜。

酥皮塔是薄酥皮本身作為塔的底座。切成10㎝正方的薄酥皮，一面用毛刷薄塗清澄奶油液，一面沿對角線重疊4片鋪入模型中。這時的重點是，薄酥皮四角都要徹底塗到奶油。若塗得不好，就無法呈現獨特的酥脆、爽快口感。

倒入其中的杏仁鮮奶油，配方中加入杏仁粉一倍量的榛果粉。還加入榛果醬，以突顯堅果的風味。這是為了讓栗子鮮奶油散發不亞於底座部分的味道與香味，以保持整體的平衡。酥皮塔烤好後刷上蘭姆酒糖漿，除了增添香味，也能使塔保持濕潤。

讓甜味栗子鮮奶油吃不膩的製作訣竅

酥皮塔上放上一顆義大利製糖漬栗子，如覆蓋栗子般擠上發泡鮮奶油。

為了不要蓋住栗子的味道，主廚選用乳製品特有風味不會太強烈的鮮奶油產品。攪打發泡時，以低溫打發的話，如果過度，鮮奶油會分離，所以器材先確實冰冷，一面底下放冰水，一面以高速儘快打發到鮮奶油快要分離前。這種作法同時還要留意發泡時的溫度，才能完成細綿、口感佳的無糖發泡鮮奶油。

擠在上面的栗子鮮奶油，主廚是選用Imbert公司的栗子醬，再慢慢加入同牌栗子鮮奶油，以電動攪拌機混合，之後再混入打發的鮮奶油。在呈現味甜、濃郁的法國製栗子醬和鮮奶油風味的同時，為了使口感輕盈，裡面還加入和無糖發泡鮮奶油一樣的，經過充分打發的鮮奶油。混合時用橡皮刮刀如切割般攪拌，以免氣泡破掉，使用口徑約粗３㎜的蒙布朗擠花嘴，擠製時也要注意勿弄破氣泡。

廣瀨主廚想呈現的蒙布朗，是具有濃郁的栗子原味，也沒減少甜味，但吃起來卻不會讓人覺得膩口的蒙布朗。

廣瀨主廚表示「減少甜味的話，就失去了法國甜點的特色。甜的甜點我依然會做得很甜，甜味部分我運用的手法是，混入酸味食材來調和，或是以芳香的食材讓人不在意甜味。這個蒙布朗我也是強調作為底座的塔及味道和口感，希望顧客吃起來覺得甜，但不會覺得膩」。蒙布朗改成現在的構成後，變得更受歡迎，成為經常在中午前就銷售一空的熱銷商品。

PÂTISSERIE APLANOS

店主兼主廚　**朝田　晉平**

和栗蒙布朗

480日圓／供應期間　全年

這個蒙布朗的設計概念，是想活用風味高雅、濃厚的利平栗的美味。無多餘添加物的天然栗子鮮奶油，和口感輕盈的椰子風味蛋白餅組合，形成絕妙的美味。

糖粉

整體上薄薄地撒上糖粉，將栗子鮮奶油擠製的層次突顯得更美麗。

澀皮和栗甘煮

裡面包入1整顆，上面再裝飾上1顆同樣的栗子。考慮和使用利平栗的栗子鮮奶油之間的平衡，刻意減少甜味。

椰子蛋白餅＋覆面用巧克力

製作重點是減少砂糖量，充分攪打以製作極細緻的蛋白餅。輕盈的口感和椰子粉的香甜味，更突顯和栗的風味。外表還裹覆混合可可奶油的白巧克力。

巧克力裝飾

負責擔任表現口感重點的角色，不影響栗子的濃味、甜味與大小。

栗子鮮奶油

使用熊本縣球磨地區的利平栗。以香堤鮮奶油連結濾過的栗子醬，再以白蘭地增加圓潤的香味。

無糖發泡鮮奶油

乳脂肪成分38％的鮮奶油，一面用電動攪拌機攪打，一面讓它含有空氣膨脹發泡。

不同口味的蒙布朗

法國栗蒙布朗

→P160

以味道濃厚的
利平栗為主角
結構特意保持單純

材料和作法

和栗的蒙布朗

椰子蛋白餅（150個份）

蛋白霜
- 蛋白 …… 600g
- 白砂糖 …… 100g

脫脂奶粉 …… 14g
玉米粉 …… 50g
白砂糖 …… 500g
純椰子粉　烤過 …… 140g
覆面用巧克力
- 白巧克力 …… 100g
- 可可奶油 …… 100g

1. 在鋼盆中混合蛋白霜用的蛋白和白砂糖100g，放入冷凍庫充分冷凍備用。
2. 將脫脂奶粉、玉米粉、白砂糖500g和純椰子粉混合過篩，放入冷凍庫冷凍備用。
3. 將**1**用電動攪拌機從中高速轉中速攪打發泡，充分攪打製作蛋白霜。在鋼盆底下一面放冰水冷卻，一面加入**2**，用橡皮刮刀如切割般迅速混拌，以免破壞麵糊裡的氣泡。
4. 在裝了15號圓形擠花嘴的擠花袋中裝入**3**。在烤盤上鋪上烤焙墊，從中心呈螺旋狀擠成直徑6cm的圓形。
5. 放入90℃的對流式烤箱（濕度0%・風量2）中乾烤3小時。
6. 將白巧克力和可可奶油混合，隔水加熱煮融，製作覆面用巧克力。用毛刷薄塗在冷凍過的蛋白餅的整個表面。

栗子鮮奶油（15個份）

和栗醬（熊本縣・球磨地方「利平」／僅用無糖栗子）…… 500g
香堤鮮奶油（38%鮮奶油・7%加糖）…… 200g
白蘭地 …… 25g

1. 和栗醬用過濾器過濾。
2. 在攪拌缸中放入**1**的和栗醬，充分攪打發泡的香堤鮮奶油和白蘭地，為免空氣進入，以低速的槳狀拌打器充分混合。

無糖發泡鮮奶油

38%鮮奶油 …… 適量

1. 鮮奶油一面用電動攪拌機攪打，一面讓它含有空氣膨脹發泡。

組合及裝飾

（約1個份）
澀皮和栗甘煮 …… 1.5個
糖粉 …… 適量
巧克力裝飾 …… 1個

1. 在椰子蛋白餅上，擠上少量充分打發的無糖發泡鮮奶油，放上1個澀皮和栗甘煮。如同覆蓋栗子般再擠上無糖發泡鮮奶油，從椰子蛋白餅起約5cm高度的圓錐形。
2. 在裝了蒙布朗擠花嘴的擠花袋中裝入栗子鮮奶油。如同遮蓋椰子蛋白餅般，從下往上呈螺旋狀無間隙地擠滿。高度從下算起約7cm為標準。
3. 撒上糖粉，放上½個澀皮和栗甘煮，再裝飾上巧克力裝飾。

改用利平品種的栗子 重新展現味道和配方

「PÂTISSERIE APLANOS」的主廚朝田晉平先生，注意到店內有許多家庭的顧客群，因此不只是甜點，從甜點名稱到標價牌等所有方面，他都很注重讓顧客容易了解，同時希望提供使用最高級素材的正統甜點。「和栗蒙布朗」可以說就是實現這個訴求的代表性甜點之一。

「我經常到處尋找好素材，以前去熊本縣球磨地區時，還不知道有利平栗。最初我吃利平栗時，被它的美味嚇到。雖然它的價錢很昂貴，可是當我知道它的美味後，無論如何我一定想使用看看。」

雖然主廚從以前開始就使用和栗製作蒙布朗，可是改用利平栗後，配方也產生了變化。這種栗子最大的魅力是具有濃郁、醇厚的高雅甜味。據說它的特色還包括澀味少、具有濃郁的栗子特有香味及整體風味平衡佳等。

「法國栗蒙布朗」中使用的法製栗子醬，雖然口感濃稠甜味重，不過主廚認為它遠不及利平栗擁有的高雅風味。他特別選用球磨地區產的利平栗。

鮮奶油儘量簡單 以蛋白霜表現個性

這個蒙布朗的構成是，栗子鮮奶油、無糖發泡鮮奶油、澀皮和栗甘煮，以及椰子蛋白餅。朝田主廚選擇至今吃過感覺最美味，以及容易表現栗子魅力的簡單形式來製作。

栗子鮮奶油中，栗子醬的處理方法很重要。栗子蒸過切成粗片狀先冷凍保存，為避免香味散失，要作業前才取出需用量解凍。之後用細目過濾器過濾成泥狀。不過為了呈現栗仁的鬆綿口感，讓它多少還殘留些碎粒。

濾好的栗子醬和香堤鮮奶油及白蘭地混合。主廚希望製作口感濕潤、細綿的栗子鮮奶油，所以用槳狀拌打器以低速攪拌，以免空氣進入。依栗子不同的狀況，水份量也有微妙地差異，一面視情況，一面斟酌香堤鮮奶油的份量，調整出最佳的柔軟度，這點也很重要。

一般大家常說栗子和蘭姆酒很對味，朝田主廚覺得它刺激的酒味和有個性的香味，會影響利平栗的纖細風味，所以改用風味圓潤的白蘭地來增加香味。

觀看蒙布朗的剖面，會發現栗子鮮奶油和下面的無糖發泡鮮奶油的厚度大致相同。主廚希望讓人充分品味不濃膩的天然栗子鮮奶油的風味，因此擠上很大的量。

無糖發泡鮮奶油的鮮奶油，是用電動攪拌機一面攪打，一面讓它含有空氣。膨軟輕盈的口感，更加突顯濕潤的栗子鮮奶油。

底座的椰子蛋白餅，也是為了襯托利平栗的美味而設計。減少白砂糖份量，烤成鬆脆輕盈的口感，也單純作為蛋白餅甜點販售，它和有脆硬有嚼感的蛋白餅不同。

蛋白餅中還加入烤過的椰子粉，南國風味的香甜味成為重點。也許同樣都是味道濃厚的堅果系香味，據說椰子與和栗的風味徹底融合，出乎意料地合味。

主廚希望蛋白餅本身完成後質地細緻、略微厚重，有紮實的口感。為此，剛開始將蛋白和其他材料先充分冷凍備用，以便混合到最後蛋白的溫度都不會升高。中途加入其他材料時也要小心勿弄破氣泡，一面隔著冰水，一面如切割般混拌。

蛋白霜烤乾後，裹上防潮用的白巧克力才大功告成。主廚儘量選擇無損蒙布朗味道和色感的素材來裹覆。

外表作為裝飾和放在裡面的澀皮栗甘煮，都講究使用和栗。為了提供剛擠製的美味蒙布朗，主廚儘可能地分次少量備料，只追加已賣出的份量。

HIRO COFFEE

甜點主廚　**藤田 浩司**

淡味蒙布朗

504日圓／供應期間　全年

讓人享受栗子風味的鮮奶油與富口感的鮮奶油，潛藏堅果澀味的蛋糕與蛋白餅，連結兩者的是柔軟的和栗甘煮。這是每個部分都經過仔細計算的輕盈口感的蒙布朗。

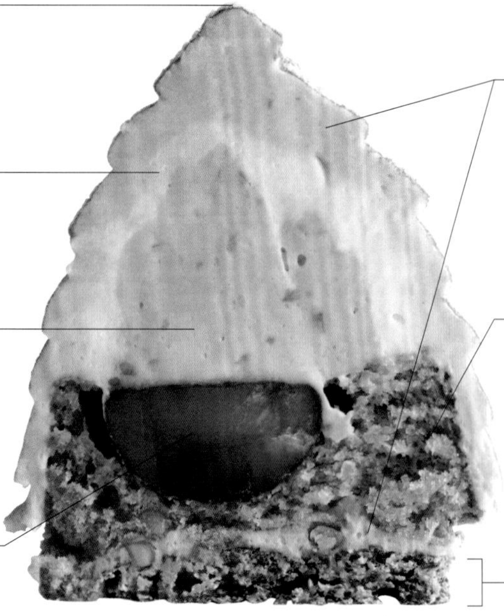

糖粉

以裝飾用的防潮型糖粉，呈現雪山的意象。

無糖發泡鮮奶油

兩種栗子鮮奶油之間夾入簡單的發泡鮮奶油，更添乳香味。

栗子鮮奶油A

使用蜜漬栗子，呈現栗子般口感的鮮奶油。打碎義大利產的蜜漬栗子，混入攪打至七分發泡的發泡鮮奶油中混合即成。

澀皮和栗甘煮

為避免鮮奶油和熱那亞蛋糕的口感分離過度，選用煮軟的澀皮和栗。

栗子鮮奶油B

表現日本人所追求的栗子風味的和栗鮮奶油。和栗醬中加入洋栗的栗子鮮奶油，攪打變細滑，還加蘭姆酒增添芳香。並以鮮奶油呈現清盈口感。

核桃熱那亞蛋糕

不使用杏仁，而是使用核桃粉製作的熱那亞蛋糕。核桃和栗子中具有共通的澀味，非常對味。完成後的柔軟度近似充分攪打發泡的鮮奶油的口感。

蛋白餅

杏仁蛋白餅＋
噴霧用黑巧克力

使用粗磨的杏仁粉，具有濃郁風味和堅果感的蛋白餅。為了讓人感受到苦味，經過充分烘烤。以巧克力覆面，能防止受潮。

使用戶種栗子鮮奶油
呈現恰到好處的味道和口感

材料和作法

淡味蒙布朗

杏仁蛋白餅（180片份）

冷凍蛋白……350g
白砂糖……40g
海藻糖……15g
糖粉……300g
玉米粉……30g
杏仁粉（粗磨／西班牙產）……200g

1. 將蛋白、白砂糖、海藻糖和糖粉混合，充分攪打成九～十分發泡。
2. 玉米粉和杏仁粉混合過篩，加入**1**中，混合。
3. 在裝了7號圓形擠花嘴的擠花袋中裝入**2**，擠成直徑約5㎝的螺旋狀，放入110℃的對流式烤箱中約烤120分鐘。

核桃熱那亞蛋糕（Pain de Genes）（直徑6㎝×高2.5㎝的不沾模型約24個份）

核桃粉（連皮、中碾／法國產）……180g
白砂糖……80g
海藻糖……130g
冷凍蛋白……30g
全蛋……200g
20%加糖蛋黃……50g
低筋麵粉……45g
泡打粉……2g
鹽……2g
清澄無鹽奶油液……75g
澀皮和栗甘煮（柔軟型）……約24個
核桃（烤過）……適量

1. 蛋類冰冷備用（較易含有空氣）。低筋麵粉、泡打粉和鹽混合過篩備用。
2. 除了清澄奶油液、澀皮和栗甘煮及核桃外，將其他的材料混合，用攪拌機充分攪打泛白。
3. 將加熱至70℃的清澄奶油液加入**2**中，如切割般混合以免氣泡破掉。
4. 在不沾模型中擠入**3**，放入1顆澀皮和栗甘煮，在表面撒上碎核桃。
5. 放入170℃的對流式烤箱中約烤25分鐘。

栗子鮮奶油A（約15個份）

蜜漬栗子（Maruya「Kastanie 40」）……300g
32%鮮奶油（明治「Aziwai 32」）……70g
40%鮮奶油（明治「Aziwai 40」）……80g

1. 蜜漬栗子用電動攪拌機打碎，加入32%鮮奶油。
2. 將40%鮮奶油攪打至七分發泡。
3. 在**1**中加入**2**，輕輕混合。

栗子鮮奶油B（約15個份）

和栗醬（四國產／池傳「女王栗子」）……250g
栗子鮮奶油（沙巴東公司）……50g
蘭姆酒（Dillon・Tres Vieux Rhum）……5g
32%鮮奶油（明治「Aziwai 32」）……100g
40%鮮奶油（明治「Aziwai 40」）……170g

1. 和栗醬和栗子鮮奶油保持冰冷狀態，加入蘭姆酒用攪拌機混合。
2. 將**1**混勻後，慢慢加入32%鮮奶油混成糊狀。
3. 將40%鮮奶油攪打至七分發泡。
4. 在**2**中加入**3**，用打蛋器輕輕混合。將**3**的鮮奶油攪打發泡變硬後混合會分離，所以這個階段要一面打發，一面調整硬度，一面混合。

無糖發泡鮮奶油

32%鮮奶油（明治「Aziwai 32」）……適量

1. 鮮奶油攪打至七～八分發泡。

組合及裝飾

噴霧用黑巧克力（※）……適量
糖粉（飾用糖粉）……適量

※噴霧用黑巧克力（備用量）
65%巧克力……250g
可可奶油……125g

1. 混合材料，以40℃煮融。

1. 杏仁蛋白餅放入噴霧用黑巧克力中沾裹，放在紙上讓它凝固。
2. 在**1**上擠上少量的栗子鮮奶油B，核桃熱那亞蛋糕的烘烤面朝下放上。
3. 將栗子鮮奶油A裝入沒裝擠花嘴的擠花袋中，從**2**的上面擠得比核桃熱那亞蛋糕小一圈，高約3㎝的山型。
4. 在裝了7號圓形擠花嘴的擠花袋中裝入無糖發泡鮮奶油，如同覆蓋**3**般再擠上去。
5. 在裝了半排擠花嘴的擠花袋中裝入栗子鮮奶油B，在置於旋轉台上的**3**的周圍，以擠花嘴無切口那側在表面呈螺旋狀擠上鮮奶油。擠製時最好一面施加壓力，一面快速轉動旋轉台來擠製。
6. 在**5**上噴上噴霧用黑巧克力，再撒上糖粉。

以四國產和義大利產栗子分別製作鮮奶油

這個蒙布朗最大的特色是使用兩種栗子鮮奶油，不過兩者都加入無糖發泡鮮奶油使口感更輕盈。讓口感變輕盈的第一個目的是：較符合日本人的味覺。第二個目的是：能作為全年商品。從咖啡煎焙到販售全由自家工房包辦的「HIRO COFFEE」，蒙布朗是全年販售的商品。因此，藤田浩司主廚的目標是製作夏天也容易食用的「輕盈型蒙布朗」。

所謂的兩種栗子鮮奶油，一是指和栗鮮奶油，另一種是混入蜜漬洋栗的鮮奶油。

和栗的鮮奶油是和栗醬和發泡鮮奶油混合，以蘭姆酒增加香味。最初主廚曾想過用洋栗醬作為主角，洋栗醬大多加入香草等香料，而且甜味重，又缺少日本人喜愛的鬆綿的栗子口感。因此，主廚以和栗作為主角，為了加重甜味和細滑口感，加入少量法國製的栗子鮮奶油以取得平衡。和栗是使用材料商社「池傳」獨家開發的四國產栗子醬。它是用澀皮和栗蒸過後，以砂糖加工而成。蘭姆酒是使用被稱為蘭姆酒種類中的V.S.O.P.的「Dillon・Tres Vieux Rhum」。它具有濃烈的香味，後味中能留下餘韻。而鮮奶油是使用液狀的32％鮮奶油和打至七分發泡的40％鮮奶油這兩種。想呈現輕爽風味時，選用乳脂肪成分少的較佳，但是考慮不易離水和具有保形性，則是高脂肪的鮮奶油較好。因此，主廚使用兩種以維持平衡。

另一種鮮奶油是，在攪打至七分發泡的無糖發泡鮮奶油中混入蜜漬栗子。上述的和栗鮮奶油負責表現栗子的「味道」部分，而這裡的則要表現栗子的「口感」。蜜漬栗子是使用義大利產的栗子，只用砂糖加工，糖度40度的產品。用電動攪拌機攪碎，讓它呈現自然的顆粒感，直接加入液狀的乳脂肪成分32％的鮮奶油融合，再混入攪打至七分發泡乳脂肪成分40％的鮮奶油。鮮奶油中不加砂糖，而是活用蜜漬栗子的甜味。兩種鮮奶油都是明治時期的「味道」。「因為奶味重，所以我希望能表現口感輕盈的奶味」藤田主廚說道。組裝時，兩種栗子鮮奶油之間，薄薄地夾入不混合栗子的無糖發泡鮮奶油，更加強乳味的結構。

栗子與核桃混合的熱那亞蛋糕作為底座

底座是核桃熱那亞蛋糕和加入杏仁粉的蛋白餅。栗子與核桃的組合在日本很罕見，不過在作為產地的法國格勒諾布爾地區（Grenoble）卻屢見不鮮。關鍵在於核桃的澀味與栗子澀皮的澀味具有共通點。主廚表示它是「與傳統的配方不同」的獨創配方，不用杏仁而用核桃粉，目的是做出口感近似鮮奶油柔軟度的蛋糕。因此，為了讓充分發泡的麵團的氣泡儘量不破掉，加入的奶油是加熱至70℃的清澄奶油液，使麵團整體的溫度升高。麵團的溫度若升高，即使烘烤很短的時間，裡面也能烤透，水分還沒蒸發就能烤好。

蒙布朗最下面的蛋白餅，使用粗碾的杏仁粉，比起表現口感，主廚更重視增加濃郁度與芳香的堅果感。蛋白餅以低溫長時間烘烤，徹底烤乾使裡面焦糖化，也能增加適度的砂糖苦味。

裝飾重點是栗子鮮奶油的擠法。表面是以半排擠花嘴，緊密無間隙地擠上栗子鮮奶油，將蛋糕放在回旋轉台上，從能遮住核桃熱那亞蛋糕的地方開始擠鮮奶油，多加點壓力，讓鮮奶油能黏附上去。隨著施加壓力，旋轉台以某程速度旋轉擠製。最後噴上巧克力以防變乾，同時在設計上也能加入強弱層次，再灑上裝飾用糖粉即完成。

BLONDIR

店東兼甜點主廚 **藤原　和彥**

蒙布朗

420日圓／供應期間　全年

這是依循基本風格，講究正統風味的蒙布朗。不過主廚精用更美味的素材，並進化製作方法，完成這款讓人能充分享受栗子美味的高雅甜點。

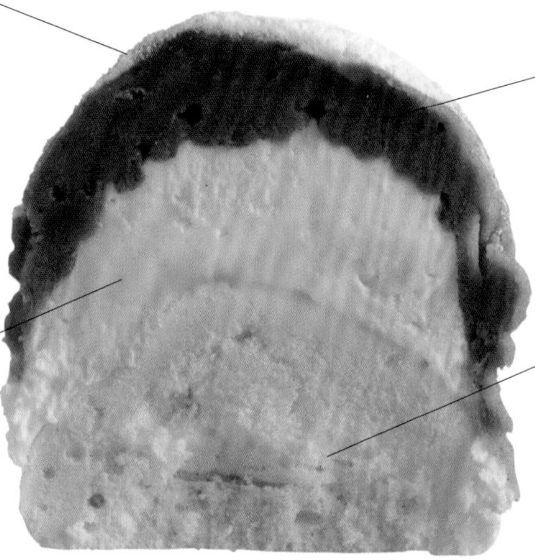

糖粉

上面撒上糖粉，忠實呈現正統蒙布朗「覆著白雪的白色山頭（Mont blanc）」的外觀。

栗子醬

均勻混合香味和味道濃厚的兩家法國製栗子醬，還加入淡淡的蘭姆酒和白蘭地的香味。

無糖發泡鮮奶油

混合兩種鮮奶油使乳脂肪成分變成40%。因栗子醬和蛋白餅的甜味重，所以不加砂糖。

法式蛋白餅

具有強烈存在感的蛋白餅。為避免鮮奶油的水分滲入，調製的蛋白餅麵糊如同周圍裹著糖粉膜般，經過烘烤能長保酥脆口感。

遵循法國甜點的傳統
構成簡單的正統風味

材料和作法

蒙布朗

法式蛋白餅（約30個份）

蛋白 ………………………… 100g
白砂糖 ……………………… 100g
糖粉 ………………………… 100g

1. 在攪拌缸中放入蛋白，一面慢慢地加入白砂糖，一面充分攪打發泡。
2. 在**1**中加入糖粉，用扁平杓如切割般混合。
3. 在裝了直徑2㎝的圓形擠花嘴的擠花袋中裝入**2**，在鋪了烤焙墊的烤盤上，薄擠上直徑6㎝的圓形。
4. 放入80℃的烤箱中約烤8～10小時。

無糖發泡鮮奶油（約10個份）

35％鮮奶油 ………………… 200g
45％鮮奶油 ………………… 200g

1. 將兩種鮮奶油混合，用攪拌機充分攪打至尖端能豎起的發泡程度。

栗子醬（約10個份）

栗子醬（沙巴東公司「AOC Chataigni d' ardechi pate」 ………………… 200g
栗子醬（Imbert公司）……… 200g
蘭姆酒（Damoiseau）……… 20g
白蘭地（Otard）…………… 20g

1. 全部的材料放入食物調理機中，混拌變細滑為止。

組合及裝飾

糖粉（防潮型）……………… 適量

1. 在裝了直徑2㎝的圓形擠花嘴的擠花袋中裝入無糖發泡鮮奶油。
2. 在法式蛋白餅的上面，將**1**擠得7～8㎝高。
3. 在裝了蒙布朗擠花嘴的擠花袋中裝入栗子醬，從**2**的上面依序縱、橫向擠成十字形。
4. 在底徑6㎝×高3.7㎝的紙杯放入**3**。用手從上面輕輕按壓，壓縮至蛋糕整體的⅔高度後，撒上糖粉。

一面依循基本形式，一面改變素材和作法使其更美味

2004年，「BLONDIR」在埼玉縣富士見市的新興住宅區開幕。藤原和彥主廚在本店位於巴黎的「Angelina」銀座店工作後赴法。在洛林區的「Au Palais D'or」等店修業，以學習正統的法國甜點。他不侷限於學習製作商品，也希望自己能親身體驗法國甜點店的整體氣氛，以利未來營造同樣氛圍的甜點店。

該店的蒙布朗在有厚度的鬆脆蛋白餅上，擠上大量無糖發泡鮮奶油，周圍擠上法國製栗子醬，再撒上糖粉，即完成這款簡單的甜點。

「我製作甜點的理念是，不破壞法國甜點的傳統形式。既然名字稱為『蒙布朗』，不是就該依照法國的傳統來製作蒙布朗嗎？」如藤原主廚所言，他的蒙布朗屬於正統派。該店現在供應的蒙布朗，正是他遵守傳統，改良素材用法和作法，所完成的更美味產品。

嚴選香味和味道持久美味的栗子醬

主廚儘量不讓鮮奶油的水分滲入蛋白餅中，讓它保有酥脆的口感。具體的作法是，蛋白中一面慢慢加入等量的白砂糖，一面充分攪打成蛋白霜，最後才加入糖粉混合。這麼做據說烤好的蛋白餅表面因糖粉會形成一層薄膜，不僅具有防潮作用，還能使蛋白餅保持口感。

觀看該店烤好的蛋白餅，會看到它的表面十分光滑，那就是密實的薄膜。藤原主廚的目標是製作氣孔密實、質地細密的蛋白霜，他表示「混合糖粉能做出氣泡極細密的蛋白霜」。將這個蛋白霜糊放入80℃的低溫烤箱中，經過8～10小時慢慢地烘烤，就能烤出表面泛白、裡面呈淡焦褐色的感覺。

擠在蛋白霜上的鮮奶油，不是香堤鮮奶油，而是無糖發泡鮮奶油，主廚認為「因為栗子醬和蛋白餅的甜味重，所以發泡鮮奶油中不加糖」。為了承受擠在上面的栗子醬的重量，鮮奶油徹底打發，以提高保形性。

目前，主廚是使用沙巴東公司的AOC Chataigni d' ardechi pate和Imbert公司兩種栗子醬以等比例混合。藉由選用沙巴東公司沒加香草的產品，以及法國Imbert公司減少甜點的產品，來突顯栗子原有的風味

關於素材，主廚的方針是經常試用新產品，以換用更好的產品。他選用栗子醬的基準是，「除了硬度和風味以外，在蛋糕的構成上，因為栗子醬位於最外側易散發香味，所以香味持久也很重要。」藤原主廚表示。該店的商品全部可供外賣，因此主廚也很重視挑選風味持久的商品。

在栗子醬中還加入了蘭姆酒「Damoiseau」及白蘭地（Otard）增加香味。蘭姆酒和白蘭地的份量，根據栗子醬的硬度、味道等的平衡來調整。

蒙布朗的組裝重點是擠上栗子醬後，用手輕輕地按壓，以便讓栗子醬包覆整個蛋糕。主廚表示那是以「壓縮」的感覺來進行作業。「我希望將蛋糕輕輕地壓縮成原來的三分之二的大小。這麼做，裡面擠製的鮮奶油的風味會更突出，和濃郁的栗子風味之間也能保持良好的平衡」。

這個蛋糕的構造雖然非常簡單，但是每一項素材和每個部分的作法都很講究。這樣的正統蒙布朗，成功吸引了無數「只吃BLONDIR蒙布朗」的死忠甜點迷的支持。

LE PÂTISSIER Yokoyama

店東兼主廚 **橫山　知之**

丹澤蒙布朗

430日圓／供應期間　全年

這個豪華的蒙布朗使用味道與香味皆濃郁的丹澤栗。在底座達克瓦茲蛋糕和香堤鮮奶油之間，還擠入卡士達醬，使蒙布朗整體更添溫潤口感。

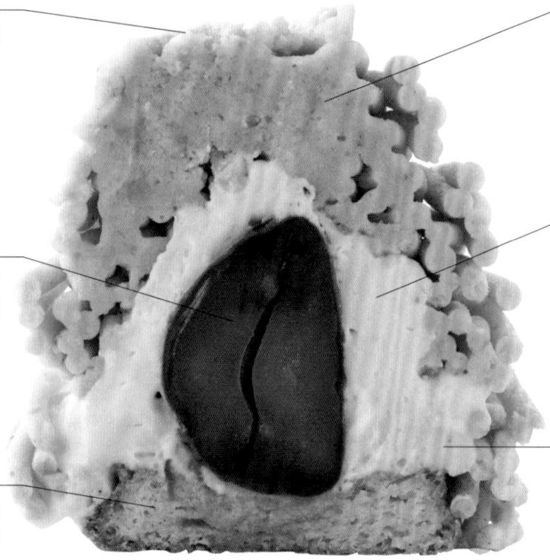

糖粉

為呈現白朗峰殘雪的意象，以頂端為中心撒上少量的糖粉。

澀皮和栗甘煮

裡面包入1顆大的丹澤栗甘煮。製作重點是縱向放入栗子，以表現鮮奶油的高度。

達克瓦茲蛋糕

追求與栗子鮮奶油完美合味的蛋糕，主廚選用具有杏仁風味口感的達克瓦茲蛋糕。

栗子鮮奶油

使用熊本縣球磨地區的丹澤栗製作的栗子醬。在栗子醬中加入鮮奶油和奶油，完成後質地細滑、味道濃郁。

香堤鮮奶油

乳脂肪成分42％的鮮奶油中，加入10％糖，再加香草精，攪打至八分發泡。濃厚的美味與栗子鮮奶油形成完美平衡。

卡士達醬

這是散發濃郁蛋香的卡士達醬。與蒙布朗整體融合出圓潤的風味。

不同口味的蒙布朗

蒙布朗

→P158

以丹澤栗的濃郁味道與香味
直接傳達栗子的魅力

材料和作法

丹澤蒙布朗

達克瓦茲蛋糕（12個份）

蛋白霜

- 蛋白 …… 80㎖
- 白砂糖 …… 24g

杏仁粉 …… 46g
糖粉 …… 46g
低筋麵粉 …… 8g

1. 在攪拌缸中放入蛋白打散，一面分2次加入白砂糖，一面以高速充分攪打發泡，製成蛋白霜。
2. 將杏仁粉、糖粉和低筋麵粉過篩混合備用。一面慢慢地加入**1**中，一面避免弄破氣泡，用橡皮刮刀如切割般混拌至看不到粉末顆粒。
3. 在裝了13號圓形擠花嘴的擠花袋中，裝入**2**的麵糊。在鐵板上鋪上烤焙墊，將麵糊擠到達克瓦茲蛋糕模型中。拿掉模型，撒上糖粉（材料外），放入190℃的烤箱中約烤15分鐘。

卡士達醬（備用量）

鮮奶 …… 360㎖
白砂糖 …… 95g
香草棒 …… ¼根
蛋黃 …… 6個
低筋麵粉 …… 14g
玉米粉 …… 14g
無鹽奶油 …… 24g
38%鮮奶油 …… 100㎖

1. 在鍋裡放入鮮奶、半量的白砂糖，以及香草棒中刮出的香草豆和豆莢，開火加熱煮沸。
2. 在鋼盆中放入蛋黃、剩餘的白砂糖，用打蛋器混合。加入預先過篩混合的低筋麵粉和玉米粉充分混拌。
3. 在**2**中倒入**1**充分混合，一面用網篩過濾，一面倒回鍋裡。充分加熱，加入奶油，用橡皮刮刀混拌變細滑且泛出光澤為止。
4. 在盆底放冰水，一面不時混拌讓它變涼。溫度降至12℃以下時，加入攪打至七分發泡的鮮奶油混合。

香堤鮮奶油（備用量）

42%鮮奶油 …… 500㎖
白砂糖 …… 50g
香草精 …… 1～2滴

1. 在攪拌缸中混合所有材料，以高速攪打至八分發泡。

栗子鮮奶油（備用量）

和栗醬（熊本縣・球磨地方「丹澤」）…… 500g
無鹽奶油 …… 100g
38%鮮奶油 …… 150㎖
蘭姆酒（黑）…… 7㎖

1. 在組合不鏽鋼刀的食物調理機中放入和栗醬攪打，整體攪打變軟後，少量地慢慢加入乳脂狀的奶油。
2. 奶油和整體融合後，一起加入鮮奶油和蘭姆酒混合。過度混拌鮮奶油會變軟，所以整體混合即停止。

組合及裝飾

（1個份）
澀皮和栗甘煮 …… 1個
糖粉 …… 適量

1. 在裝了10號圓形擠花嘴的擠花袋中裝入卡士達醬，在達克瓦茲蛋糕的表面整體擠上2㎝厚。為了讓鮮奶油有高度，澀皮和栗甘煮的橫寬面縱向插入中心。
2. 在裝了10號圓形擠花嘴的擠花袋中裝入香堤鮮奶油，如同覆蓋栗子般從下往上呈螺旋狀擠製（1個約20g）。
3. 在裝了蒙布朗擠花嘴的擠花袋中裝入栗子鮮奶油，如覆蓋香堤鮮奶油般從下往上呈螺旋狀無間隙地擠製（1個約60g）。撒上糖粉。

挑選最適合的品種 以完成自己追求的味道

「LE PÂTISSIER」的主廚橫山知之先生表示「和栗蒙布朗形成流行的風潮，大概是近10～15年的事。在這段期間和栗本身的味道不但變得更美味，種類也增加許多」。

該店的「丹澤蒙布朗」，是使用熊本縣球磨地區收成的丹澤種和栗。橫山先生從全國各地少量訂購各種受到好評的栗子，經過試吃比較挑選出這種栗子。因為它的味道和香味的濃郁度，最符合主廚的喜好。

「我雖然很重視栗子本身的味道，但是是否適合作為我想製作的蒙布朗的素材，這點也更重要。我使用各式各樣的栗子，實驗各種配方和結構後，發現只有這種栗子，才能呈現我心目中理想的蒙布朗的味道。」

該店與分店一天共計可賣出「丹澤蒙布朗」50個，另一種「蒙布朗」80個。因為合計使用的丹澤栗子醬用量很大，該店無法一直採購備料，所以委託業者先將栗子處理成無糖的泥狀，予以冷凍保存以確保一年的用量。

「最近食品公司的加工、冷凍保存技術有著令人驚訝的長足進步。比起本店自己製作，委託給專門業者會更好」主廚說道。

透過先進的技術，能長時間完整保存採收時的新鮮風味，這麼一來，全年都能製作味道穩定的栗子鮮奶油。

主廚原本很重視季節感，蒙布朗只限秋季販售，不過蒙布朗這樣的正統甜點成為人氣商品後，現已成為全年銷售。「丹澤蒙布朗」訂價430日圓，算是該店比較貴的商品，但依舊十分暢銷。

大量使用丹澤栗 以直接展現魅力

橫山主廚希望以丹澤栗製的是「凝縮栗子美味」的蒙布朗。組裝上包括栗子鮮奶油、香堤鮮奶油、卡士達醬、澀皮和栗甘煮和達克瓦茲蛋糕。

一個蒙布朗上擠上60g栗子鮮奶油，是20g香堤鮮奶油的三倍量。中央還放入一大顆的和栗甘煮，不僅品質，連份量也提高滿意度，豪華的美味成為最大的吸引力。

栗子鮮奶油是一面以食物調理機攪拌稍具顆粒感的和栗醬，一面依序加入奶油和鮮奶油混合，讓它從黏稠的塊狀稀釋成鮮奶油。和栗醬本身雖然加入為提高保存性的25%糖，不過和卡士達醬和香堤鮮奶油一起入口後，能調和甜味和乳製品的濃郁度，在濃郁感和圓潤度上都留給人恰到好處的印象。

組裝時，栗子鮮奶油擠成稍粗的繩狀，在外觀上也表現出樸素又強烈的和栗風味。

香堤鮮奶油是在乳脂肪成分42%的鮮奶油中，加入10%份量攪打成八分發泡的砂糖。微甜的濃郁鮮奶油與風格強烈的栗子鮮奶油形成絕妙的平衡。

下方是表面擠上卡士達醬的達克瓦茲蛋糕。主廚表示卡士達醬的作用是「添加香堤鮮奶油所缺乏的風味與厚味，使甜點整體更圓潤」。透過加入豐醇的蛋的風味，使蒙布朗整體的口感與風味更為提升。

底座採用達克瓦茲蛋糕。一般的海綿蛋糕風味不及丹澤栗子鮮奶油，可是富杏仁香味與濃郁度的厚味達克瓦茲蛋糕則一點也不亞於它。另一種口味「蒙布朗」的底座也是用蛋白霜，所以「丹澤蒙布朗」採用達克瓦茲蛋糕。主廚重視它表面有點硬的口感，以及裡面的濕潤感。

販售「丹澤蒙布朗」時，主廚原考慮只製作這種風評佳的口味，不過385日圓價格實惠的「蒙布朗」依然銷量較多，所以現在該店全年同時販售這兩種口味的蒙布朗。

pâtisserie CERCLE TROIS

店東兼甜點主廚　淺田 薰

和栗蒙布朗

493日圓／供應期間9月～3月左右

在起酥派皮和杏仁鮮奶油的底座上，擠上慕斯林、香堤和栗子三種鮮奶油。考量整體的平衡，來決定三層鮮奶油的各別份量，使三田產栗子的香味更突出。

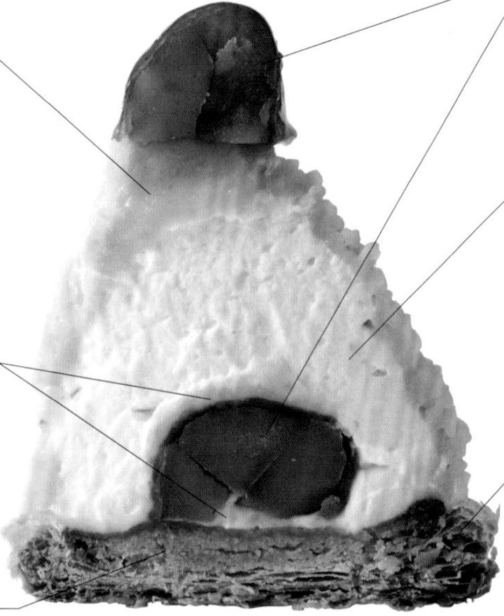

澀皮和栗甘煮

使用煮至柔軟、甜味低的和栗產品。

蒙布朗鮮奶油

三田產栗子製的獨創風味栗子醬、卡士達醬和鮮奶油混合而成。為呈現西洋甜點般的細滑口感，須用網篩過濾。

香堤鮮奶油

乳脂肪成分40％的鮮奶油攪打至八分發泡即成。為了爽口好食用，特別減少甜味。

慕斯林奶油醬

卡士達醬中混合攪打至八分發泡的鮮奶油，是連結和栗甘煮和底座的濃味鮮奶油。

速成起酥皮

這是為了突顯栗子的甜味，不加砂糖，只加少量鹽的摺疊派皮。讓它充分烘烤，以散發香味。

杏仁栗子鮮奶油

這是混入三田產栗子醬的栗子風味的杏仁鮮奶油。更增蒙布朗整體的栗子風味，擠入起酥皮和鮮奶油之間，還能防止濕氣。

以西洋甜點般的表現
傳達和栗的美味

材料和作法

和栗蒙布朗

速成起酥皮（Feuilletage rapide）（約60個份）

高筋麵粉 ……… 175g
低筋麵粉 ……… 75g
鹽 ……… 10g
發酵奶油 ……… 200g
水 ……… 125㎖

1. 在高筋麵粉和低筋麵粉中加鹽混合，再加奶油。
2. 在1中加水、麵粉和奶油混合成一團。
3. 將2揉成團，用保鮮膜包好，放入冷藏庫中30分鐘讓它鬆弛。
4. 將3取出，進行2次摺三褶作業，再放入冷藏庫30分鐘讓它鬆弛。
5. 再進行一次步驟4。
6. 再進行一次步驟5的摺三褶作業，擀成2.5㎜厚，放入冷藏庫30分鐘讓它鬆弛。
7. 用直徑7㎝的圓形切模切割。

杏仁栗子鮮奶油（約60個份）

和栗醬（兵庫縣三田產／Yanagawa「三田栗子醬」）……… 300g
鮮奶 ……… 60㎖
杏仁鮮奶油（※1）……… 800g
卡士達醬（※2）……… 100g

※1 杏仁鮮奶油（備用量）

無鹽奶油 ……… 450g
白砂糖 ……… 375g
海藻糖 ……… 40g
低筋麵粉 ……… 30g
杏仁粉 ……… 440g
全蛋 ……… 390g
鹽 ……… 1.5g

1. 將放在室溫回軟的奶油放入鋼盆中，用打蛋器混合變細滑。
2. 將白砂糖、海藻糖和鹽混合，分數次加入1中，混合。
3. 將降至室溫程度的全蛋少量放入2中，充分混合。若已混合再加入同樣少量的全蛋，重複作業混合全部的量。
4. 低筋麵粉和杏仁粉混合過篩，分2～3次加入3中，如切割般混合。放入冷藏庫一晚讓它鬆弛。

※2 卡士達醬（備用量）

鮮奶 ……… 1000㎖
白砂糖 ……… 200g
全蛋 ……… 150g
蛋黃 ……… 150g
香草棒 ……… 1根
高筋麵粉 ……… 50g
低筋麵粉 ……… 40g
無鹽奶油 ……… 50g

1. 在鍋裡放入鮮奶和一部分的白砂糖，加入香草棒煮沸。
2. 在鋼盆中放入全蛋和蛋黃混合，加入剩餘的白砂糖和粉類混合，再加入1。
3. 過濾2，倒回鍋裡煮好。
4. 在3中加入奶油，蓋上保鮮膜，放入冷藏庫冷卻。

1. 在和栗醬中倒入鮮奶，用攪拌機混合。
2. 在1中加入杏仁鮮奶油，混合。
3. 在2中加入卡士達醬，混合。放入冷藏庫一晚讓它鬆弛。

慕斯林奶油醬（crème mousseline）（約10個份）

卡士達醬（參照「杏仁栗子鮮奶油」）……… 200g
40%鮮奶油 ……… 75㎖

1. 將卡士達醬和攪打至八分發泡的鮮奶油混合。

香堤鮮奶油（約10個份）

40%鮮奶油 ……… 200㎖
白砂糖 ……… 15g

1. 鮮奶油中加入白砂糖，攪打至八分發泡。

蒙布朗鮮奶油（10個份）

和栗醬（兵庫縣三田產／Yanagawa「三田栗子醬」）……… 200g
卡士達醬（參照「杏仁栗子鮮奶油」）……… 100g
35%鮮奶油 ……… 適量

1. 和栗醬和卡士達醬用攪拌機混合。
2. 在1中加入鮮奶油，調整硬度和濃度。
3. 將2を用網篩過濾。

組合及裝飾

澀皮和栗甘煮 ……… 適量

1. 在速成起酥皮上戳洞，上面擠上小一圈的杏仁栗子鮮奶油，放入180℃的烤箱中約烤30分鐘。
2. 將1放涼，擠上慕斯林奶油醬，1個蒙布朗放上½個澀皮和栗甘煮，壓入慕斯林奶油醬中。
3. 在2的上面，用直徑14㎜的圓形擠花嘴呈螺旋狀擠上香堤鮮奶油。
4. 在3的周圍，用蒙布朗擠花嘴呈螺旋狀擠上蒙布朗鮮奶油。
5. 在4的上面，1個蒙布朗放上½個澀皮和栗甘煮。

選擇容易了解的外型及美味

「CERCLE TROIS」位於寧靜住宅區。這家在地客喜愛的店裡，「和栗蒙布朗」這個冷藏類甜點的銷售量，是其他季節商品的一倍。

過去淺田薰主廚是使用九州產的栗子製作，不過他努力尋找在地的產品，最後找到兵庫縣三田產的栗子（通稱三田栗）。它具有主廚要求的「鬆綿感」，味道與風味都具有和栗應有的衝擊感。自此之後，該店的蒙布朗只使用三田栗。

三田栗的栗子醬糖度低，是製造廠商開發的獨創產品。但是，該店陳列櫃中的蒙布朗只簡單標示「和栗蒙布朗」。外型也平淡無奇。淺田主廚表示「雖然標示出三田栗的品牌名比較好，但我覺得使用美味的食材是理所當然的事，並不想特別標榜。大家已經很熟悉神戶的洗練蛋糕，已能憑味道來挑選。現在蒙布朗的外型五花八門，我想還是讓顧客容易認出比較好，所以製作成標準的外型。」

基於這種想法的淺田主廚，並不想表現日本人喜愛的栗子「鬆綿感」，把蒙布朗做得像和菓子，而希望表現西洋甜點般的栗子感，經過不斷地嘗試努力，最後開發出的甜點就是現在的「和栗蒙布朗」。

所有的元素都為了要突顯三田栗子

主角栗子鮮奶油（蒙布朗鮮奶油）中，只加入少量的鮮奶油，不過主廚也會根據不同氣候或當天的天氣來斟酌份量。「天氣較冷時，人們比較想吃濃郁的鮮奶油，所以我會減少鮮奶油的份量，提高栗子鮮奶油的濃度。相反地，天氣較熱時，我會增加鮮奶油的份量，讓栗子鮮奶油吃起來清爽些。」而且，主廚還花工夫過濾，讓栗子鮮奶油的口感變得更細綿。這種綿細的口感，主廚是想讓人感受「西洋」感，而非「和風」感。

蒙布朗整體的構成上活用和栗感也很重要。細部都經仔細考慮的構成，包括以下數個部分。

底座是起酥皮和杏仁鮮奶油組成的塔。主廚不用蛋白餅，是因為味甜的蛋白霜，讓人無法感受到和栗的纖細甜味。基於同樣的原因，起酥皮麵團中不加糖只加鹽，透過鹹味的對比，突顯出栗子的甜味。

塔麵團用速成起酥皮烘烤出紮實的口感和香味，上面再擠入混合三田栗子醬的杏仁鮮奶油一起烘烤。杏仁鮮奶油作為塔和鮮奶油之間的緩衝，可避免鮮奶油和塔直接接觸而受潮。

混合栗子醬的杏仁鮮奶油，或許有人認為杏仁的香味不是會蓋住栗子的香味嗎？栗子非果實而是種子，和杏仁同樣是堅果，所以沒有問題。但是杏仁種類不同，有合不合味的味題，有別於一般塔所用的杏仁粉，主廚特別挑選適合三田栗風味的產品。此外，為避免破壞栗子的風味，蒙布朗中也不加洋酒。主廚為了讓帶孩子來的顧客能安心挑選，店內絕大多數的蛋糕都不加酒。

鮮奶油是香堤鮮奶油、慕斯林奶油醬和栗子鮮奶油三種結構。主廚不希望蒙布朗給人「充滿鮮奶油的甜點」的印象，他認為最好組合不同的鮮奶油，讓人容易食用。可是，三種鮮奶油要如何取得平衡呢？容易食用的香堤鮮奶油份量最多，還能降低甜味，濃厚的慕斯林鮮奶油具有讓底座和栗子連結的作用，份量可以少一點。基於味道的平衡，作為主角的栗子鮮奶油則要比香堤鮮奶油少一點。主廚希望顧客吃完一個蒙布朗後，不是只留下栗子鮮奶油的印象，而是覺得整體很美味，經過不斷地調整，終於完成這樣的比例。主廚認為將蛋糕視為一個整體來維持平衡非常重要。

Pâtisserie Etienne

店東兼主廚 **藤本　智美**

蒙布朗

480日圓／供應期間　全年

這是以嶄新的設計來表現廣受顧客喜愛的「美味」蒙布朗。主廚重視鬆脆、富厚度的蛋白餅和纖細栗子鮮奶油的整體感，完成讓人百吃不厭的美味。

糖粉

如覆蓋整體般撒在上面的糖粉，給人高尚雅緻的感覺。

栗子鮮奶油B

液態鮮奶油和攪打至四分發泡的鮮奶油，雙份混合攪拌。讓它含有少量空氣，成為輕柔細滑的口感。

蘭姆栗子

糖漬栗子（碎栗）用熱水大略清洗，以蘭姆酒醃漬後使用。糖漬栗子和栗子鮮奶油一樣都是Facor公司的產品。

榛果蛋白餅

使用海藻糖，散發清爽的甜味。榛果粉酥脆的口感和香味，成為甜點的特色重點。

卡士達泡芙餅

這是應用卡士達醬時所激發的靈感。卡士達醬和泡芙麵團混合，擀薄烘烤，活用作為裝飾。外觀給人時尚的感覺。

蘭姆鮮奶油

散發淡淡的蘭姆酒香味的無糖鮮奶油。加入吉利丁以強化保形性。

栗子鮮奶油A

以栗子醬、無鹽奶油和鮮奶等混合而成的鮮奶油。具有使整體味道均衡的調味作用。

巧克力噴霧

為防止濕氣，薄薄地噴在榛果蛋白餅的表面。

使用法國製栗子醬
全年都能決勝負的穩定味道

材料和作法

蒙布朗

榛果蛋白餅（30個份）

蛋白霜
- 蛋白 ⋯⋯ 200g
- 白砂糖 ⋯⋯ 156g
- 海藻糖 ⋯⋯ 44g

白砂糖 ⋯⋯ 133g
榛果粉 ⋯⋯ 133g

1. 將蛋白、白砂糖156g和海藻糖混合，用電動攪拌機攪打至八分發泡，製成蛋白霜。
2. 白砂糖133g和榛果粉混合過篩加入1中，用橡皮刮刀混合。
3. 用圓形擠花嘴擠在直徑6㎝的中空圈模中，放入110℃的烤箱中烤1小時，再升至130℃烤90分鐘。

噴霧巧克力（30個份）

55%巧克力 ⋯⋯ 200g
可可粉 ⋯⋯ 133g

1. 混合材料煮融。

栗子鮮奶油A（30個份）

栗子醬（Facor公司）⋯⋯ 125g
無鹽奶油 ⋯⋯ 50g
鮮奶 ⋯⋯ 19g
脫脂奶粉 ⋯⋯ 1.5g
蘭姆酒（Negrita Rum 54°）⋯⋯ 9g

1. 栗子醬用槳狀拌打器打散，慢慢加入常溫的無鹽奶油，混拌到與栗子醬混勻。
2. 混合鮮奶、脫脂奶粉和蘭姆酒，加熱至人體體溫程度，慢慢地加入1中混合。
3. 用直徑6㎜的圓形擠花嘴擠成直徑3㎝的環狀，冷凍使它凝固。

蘭姆栗子（30個份）

糖漬栗子（Facor公司／碎栗）⋯⋯ 150g
蘭姆酒（Negrita Rum 54°）⋯⋯ 10g

1. 以糖漿醃漬的碎栗用熱水大略清洗。
2. 塗上蘭姆酒。

蘭姆鮮奶油（30個份）

35%鮮奶油 ⋯⋯ 300g
蘭姆酒（Negrita Rum 54°）⋯ 1.5g
吉利丁粉 ⋯⋯ 2.4g
水 ⋯⋯ 12g

1. 在鮮奶油中加入蘭姆酒，攪打至六分發泡。
2. 在1中加入泡水回軟的吉利丁，用打蛋器攪打至七分發泡。

栗子鮮奶油B（30個份）

栗子醬（Facor公司）⋯⋯ 200g
35%鮮奶油 ⋯⋯ 108g
35%鮮奶油（攪打至四分發泡）⋯⋯ 72g

1. 用槳狀拌打器攪打栗子醬，慢慢加入108g的液態鮮奶油。
2. 加入攪打至四分發泡的鮮奶油72g，改用打蛋器，以四分發泡為標準，一面確認硬度，一面迅速混合。

組合及裝飾

卡士達泡芙餅（Patti chou）（※）⋯⋯ 適量
糖粉（飾用糖粉）⋯⋯ 適量

※泡芙卡士達醬
卡士達醬和泡芙麵團以1：1的比例混合，薄薄地擀開，放入140℃的烤箱中烤45分鐘。放涼後切成適當的大小。

1. 為防止濕氣，在榛果蛋白餅上噴上巧克力噴霧。
2. 放上栗子鮮奶油A，其中分別放入5g的蘭姆栗子。
3. 呈螺旋狀擠上蘭姆鮮奶油，如覆蓋鮮奶油般，再用平形擠花嘴同樣呈螺旋狀擠上栗子鮮奶油B。側面貼上卡士達泡芙餅，最後撒上糖粉。

追求即使每天吃也吃不膩的「穩定美味」

「Pâtisserie Etienne」提供使用法國製栗子醬製作全年銷售的蒙布朗，以及使用和栗製作秋季限定的蒙布朗。

這次介紹的是全年販售的蒙布朗，藤本智美主廚製作這個蛋糕時，所追求的是「每天吃都吃不膩，何時吃都美味」的穩定味道。

「第一口給人強烈的衝擊感，讓人覺得『超美味！』的甜點，最後很容易讓人吃膩，相對地，味道如果太柔和，給人的印象也會變淡。我想達到的目標是介於兩者之間。希望讓任何人吃到最後還會自然地伸手拿取，或留下還想再吃的美好印象，我的目標就是完成那種『第一口到最後一口都美味』的蒙布朗」。

蒙布朗的構成上，藤本主廚最重視的是「整體平衡」。主廚重視各部分保持良好平衡的整體感，而不是突顯某種特別化的個性，像是強調栗子鮮奶油的味道，或是放入大顆栗子等。他希望完成的蒙布朗，栗子的存在感不會太強烈。

使用栗子醬避免味道的變動

為了維持整體良好的平衡，主廚對於底座的蛋白餅花了許多工夫。目前這個蒙布朗，是以主廚過去在飯店工作時所設計的配方為基礎，不過，從那時起他就不太喜歡蛋白餅特有的一種黏膩的甜味。

於是他變更作法，將一部分白砂糖換成海藻糖，混入大量的榛果粉，烘烤成較厚的蛋白餅。

海藻糖使蛋白餅的甜味變得清新爽口，也提升了氣泡的穩定性，讓蛋白餅原有的口感更上層樓。此外，榛果粉的酥脆口感，散發與栗子類似的堅果芳香，使蛋白餅和鮮奶油之間也變得更平衡。

栗子鮮奶油中使用的栗子醬，是使用法國Facor公司的產品。主廚喜愛它具有栗子豐美的香味和適度的甜味。

主廚原本希望以店內自製的栗子醬來組裝，不過不同時期的生栗，味道都不同。而且，現在該店還沒確立穩定購入優質栗子的方式，同時還要考量到成本面，所以主廚選擇使用栗子醬。

栗子醬很難突顯栗子的香味，但主廚不想增加用量，或使味道變得濃厚。因此，他決定製作成日本人喜歡的口感柔軟、輕盈的栗子鮮奶油。最初他用液態鮮奶油稀釋栗子醬，再加入攪打至四分發泡的鮮奶油，一面用打蛋器混合，一面讓它含有空氣。重點是以手的感覺來確認栗子鮮奶油的微妙變化，以完成理想的硬度和輕盈口感。

蘭姆鮮奶油加入鮮奶油的0．8％量的吉利丁來提高保形性，以穩固支撐栗子鮮奶油。只需使用微量的蘭姆酒香，便能抑制鮮奶油的乳腥味。

糖漬栗子上塗上蘭姆酒，包入中心的蘭姆栗子，是作為口感和甜味的重點。為了不模糊蒙布朗整體的味道，主廚用這個栗子和蛋白餅的甜味，來增加風味的強弱層次。

蘭姆栗子的周圍，也擠上少量栗子醬和奶油混合成的栗子鮮奶油。與外側的栗子鮮奶油相比，這個鮮奶油的特色是加入奶油口感稍硬。外側和中心因為入口有時間差，味道也加入少許的變化。希望讓顧客也能享受這種微妙變化，是藤本主廚在組合味道上的獨到之處。

貼在外側的卡士達泡芙餅，以卡士達醬和泡芙麵團組合烘烤而成。擠製的鮮奶油，高度和形狀難免不一致，泡芙餅除了能夠遮掩，還能使蒙布朗看起來更具時尚感。更廣泛地活用卡士達醬也是優點之一。

Les Créations de Pâtissier
SHIBUI

店東兼主廚 **澀井 洋**

和栗蒙布朗

480日圓／供應期間 全年

這個和風感覺的蒙布朗，是主廚從和菓子「栗金團」激發的創意。豪華地使用兩種和栗，組合上抹茶味的達克瓦茲蛋糕，表現出日式素材特有的柔和香味與味道。

和栗甘煮

澀皮和栗甘煮

頂端裝飾兩種和栗，外觀深深吸引喜愛栗子的人的目光。不同時期，使用和栗的產地也有變化。另外還裝飾著南天竹作為重點色彩。

糖粉

在頂端撒上防潮型糖粉。

和栗甘煮

和栗甘煮不僅用來作為裝飾，裡面也包入一整顆。一個蛋糕上使用2個的份量，讓人充分享受豪華感。

和栗鮮奶油

這個綿細的鮮奶油，只用和栗醬、糖漿和水製作而成，飽含空氣口感輕盈。透過氣泡破裂來突顯栗子香味都經過仔細計算。

迪普洛曼鮮奶油

為突顯栗子的香味，用味甜、濃郁的卡士達醬和香堤鮮奶油組合而成。

宇治抹茶達克瓦茲蛋糕

重視鬆脆口感所製作的達克瓦茲蛋糕。在底部墊著宇治抹茶達克瓦茲蛋糕，享受和栗之後，還能品味抹茶的香味。美麗的色彩也是魅力之一。

不同口味的蒙布朗

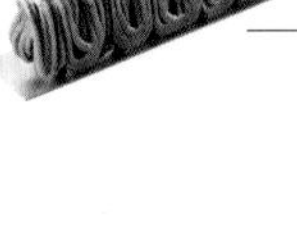

巧克力黑醋栗蒙布朗

→P159

能享受和栗和抹茶的
柔和香味的諧調和風感覺

材料和作法

和栗蒙布朗

宇治抹茶達克瓦茲蛋糕
（約100個份）

A
- 杏仁粉……250g
- 糖粉……300g
- 低筋麵粉……40g
- 宇治抹茶粉……24g

蛋白霜
- 蛋白……320g
- 乾燥蛋白……8g
- 白砂糖……50g

糖粉……適量

1. 將A的粉類混合過篩備用。
2. 將蛋白和乾燥蛋白放入攪拌缸中攪打發泡。途中一面分3次加入白砂糖，一面充分攪打發泡。
3. 在**2**中加入**1**，用扁平杓充分混拌至沒有顆粒為止。
4. 在裝了15號圓形擠花嘴的擠花袋中裝入**3**，在鋪了烤焙紙的烤盤上擠成直徑5㎝的圓形。在表面撒滿糖粉，放置10分鐘後再撒一次。
5. 放入上火180℃、下火150℃的烤箱中約烤14分鐘，放涼備用。

迪普洛曼鮮奶油
（約50個份）

卡士達醬（※）……200g

香堤鮮奶油
- 35%鮮奶油……980g
- 白砂糖……49g
- 海藻糖……49g

※卡士達醬
（備用量1440g）
- 鮮奶……1000㎖
- 香草棒……1根
- 蛋黃……240g
- 白砂糖……240g
- 低筋麵粉……100g

1. 在鮮奶中放入從香草棒中刮出的香草豆，煮沸。
2. 在鋼盆中放入蛋黃和白砂糖混合，加入篩過的低筋麵粉混合。
3. 在**2**中一面分數次加入**1**，一面混合，然後一面過濾，一面移回鍋裡，再開火加熱。用木匙邊混合，邊煮至泛出光澤。
4. 將**3**離火，放入方形淺鋼盤中，蓋上保鮮膜，放入冷藏庫中急速冷卻。

1. 將鮮奶油、白砂糖和海藻糖，用電動攪拌機充分攪打至尖端能豎起的發泡狀態。
2. 打散的卡士達醬中，加入**1**的香堤鮮奶油，用橡皮刮刀如切割般混合。

和栗鮮奶油（約25個份）

- 和栗醬（熊本縣產）……1000g
- 糖漿（波美度30°）……100g
- 水……100g

1. 將糖漿和水的混合物，一面加入和栗醬中，一面用電動攪拌機慢慢混合，讓裡面含有空氣。

組合及裝飾

（1個份）
- 和栗甘煮……1個
- 和栗甘煮（裝飾用）……½個
- 澀皮和栗甘煮（裝飾用）……½個
- 南天竹……適量
- 糖粉（防潮型）……適量

1. 在宇治抹茶達克瓦茲蛋糕的中央放上和栗甘煮，在裝了15號圓形擠花嘴的擠花袋中裝入迪普洛曼鮮奶油，擠上25g（高4㎝）。
2. 在裝了半排擠花嘴的擠花袋中裝入栗子鮮奶油，如同覆蓋**1**般從下往上擠。
3. 撒上糖粉，裝飾上切半的和栗甘煮、澀皮和栗甘煮和南天竹。

活用兩種和栗和宇治抹茶達克瓦茲蛋糕香

澀井洋主廚曾經陸續的在「Lecomte」、「Troisgros」和「Quatre」等多家名店磨練技術，2008年獨立開設了「Pâtissier SHIBUI」。他一面充分活用素材，一面以製作「自己覺得美味的甜點」為宗旨，持續提供味道和外觀均講究的甜點。

該店的「和栗蒙布朗」從2010年左右開始提供。過去，該店的招牌商品一直是使用法國製栗子醬的「巧克力黑醋栗蒙布朗」，而這個是以和栗為主角所開發的蒙布朗。

「和栗蒙布朗」的構成，底部是宇治抹茶達克瓦茲蛋糕，中間是包入和栗甘煮的迪普洛曼鮮奶油，周圍再擠上和栗鮮奶油，上面以和栗甘煮和澀皮煮兩種栗子作為裝飾。這是運用和栗及抹茶等「和素材」，以及這些素材具有的柔和纖細「香味」，以這兩大主題所開發的蛋糕。甚至贏得顧客「吃後很感激！」的好評，當初雖然限定季節販售，不過現在已是全年供應的招牌商品。

以飽含氣泡的鮮奶油擴散和栗的香味

開發這個蒙布朗的澀井主廚，據說他是以和菓子的「栗金團」為意象發想出來的，搭配同樣是「和風」感覺的「抹茶」素材。墊在底部的宇治抹茶達克瓦茲蛋糕，他希望顧客吃的時候，在和栗香味後還能感受到抹茶的芳香，同時裡面呈現抹茶綠色，還具有讓人享受色彩美感的效果。

可是，主廚為何不用蛋白餅，而使用達克瓦茲蛋糕呢？

主廚的首要考量是，「裡面的鮮奶油不甜的話，無法突顯和栗的香味」，澀井主廚不是用無糖的鮮奶油，而是在香堤鮮奶油中混入卡士達醬，製成迪普洛曼鮮奶油。這樣底部若墊蛋白餅，味道會太甜，蛋糕的融口性太好口感又不夠。主廚想呈現適度的酥脆口感，咬下時還能突顯抹茶香味的鮮奶油，因此，選擇最符合理想的達克瓦茲蛋糕。

製作達克瓦茲蛋糕時需注意的是，減少蛋白霜的砂糖量。據說糖分太多蛋白中所含的蛋白質會發黏，容易喪失酥脆的口感。

另一項重點是蛋白霜中混入粉類時，如同讓粉類擴散般的感覺充分混合，以避免形成粉粒。和混合馬卡龍麵糊的作業類似，以黏稠的狀態為標準。擠入麵糊烘烤前撒兩次糖粉。第一次撒好後暫放，讓表面形成糖衣，這樣烘烤時，具有減少麵糊中的水分，使其膨脹的作用。第二次撒的糖粉，則具有防止焦糖化，不烤出焦色的作用。

擠在周圍的和栗鮮奶油中使用的和栗醬，依不同時間，分別使用嚴選自熊本、宮崎、四國等地，具濃郁栗子香味的產品。該店的和栗鮮奶油只用和栗醬、糖漿和水製作，風味單純。鮮奶油等乳製品具有遮蔽的效果，主廚認為它會破壞和栗的優雅香味，所以和栗鮮奶油中不使用。

和栗子鮮奶油的製作重點是，用攪拌機攪拌和栗醬、糖漿和水，充分攪拌發泡至泛白為止。「入口後，栗香味瞬間在口中擴散開來，能給人強烈的衝擊感」澀井主廚說道。

組裝方面，是先在宇治抹茶達克瓦茲蛋糕上放一顆和栗甘煮，擠上山型般的迪普洛曼鮮奶油，再如同覆蓋般從下往上擠上和栗鮮奶油。藉由簡單擠上和栗鮮奶油，來突顯兩種豪華和栗裝飾的存在感。

pâtisserie LA NOBOUTIQUE

店東兼甜點主廚　日高 宣博

和栗蒙布朗

450日圓／供應期間　秋～春

在日本人喜受的酥鬆口感的達克瓦茲蛋糕麵糊中，加入榛果粉以提升風味，和栗鮮奶油則是在熊本縣產和栗醬中，混入白豆泥來突顯高雅的甜味。

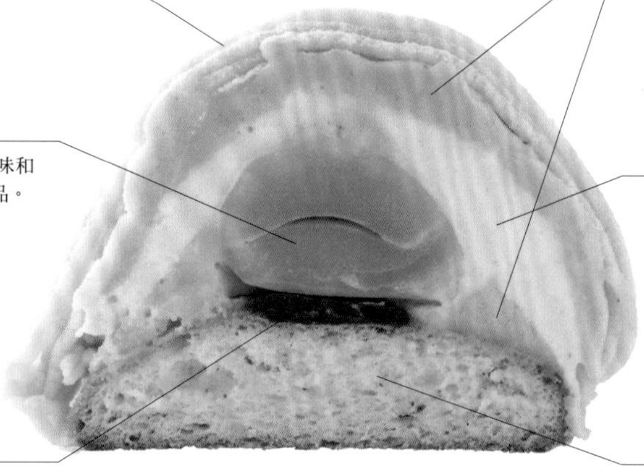

糖粉

撒上防潮型糖粉，表現山頂的積雪。

和栗甘煮

為活用和栗特有的柔和香味和甜味，選擇硬度適中的產品。

巧克力淋醬

加入奶油融口性更佳，加入水飴和材料不易分離。

和栗鮮奶油

使用品質和味道均優的熊本縣產栗子醬。為了活用和栗特有的香味和淡雅的味道，混入乳脂肪成分稍低的鮮奶油和白豆餡。

香堤鮮奶油

用海藻糖呈現淡淡的甜味，以香草精和君度橙酒加強印象香味。

達克瓦茲蛋糕

這是加入榛果粉提高風味的達克瓦茲蛋糕。蛋糕吸收鮮奶油的水分後，食用時具有恰到好處的濕潤口感。

不同口味的蒙布朗

蒙布朗塔

→P158

材料和構成元素費心講究
隨時間經過依然美味

材料和作法

和栗蒙布朗

達克瓦茲蛋糕（約20個份）

蛋白霜
- 蛋白 …… 165g
- 乾燥蛋白 …… 4g
- 白砂糖 …… 55g

A
- 杏仁粉（西班牙產）…… 75g
- 榛果粉 …… 13g
- 低筋麵粉（日清製粉「Violet」）…… 24g

糖粉 …… 77g

1. 在鋼盆中放入蛋白和乾燥蛋白，一面分3次加入白砂糖，一面充分攪打成尖端能豎起的發泡狀態，製成蛋白霜。
2. 一口氣加入事先過篩混合好的A和糖粉，為避免蛋白霜的氣泡破掉，用橡皮刮刀如切割般混拌。
3. 烤盤上鋪上烤焙墊，放上直徑6.5cm的中空圈模備用。在裝了圓形擠花嘴的擠花袋中裝入麵糊，擠到中空圈模中高約2cm，拿掉中空圈模。
4. 在表面均勻地撒上糖粉（份量外），融化後再撒一次（共撒2次）。放入180℃的對流式烤箱中約烤18分鐘。

巧克力淋醬（約20個份）

58%巧克力（Cacao Barry公司 Cacao Barry「mi-amer」）…… 70g
38%鮮奶油 …… 80g
水飴 …… 30g
無鹽奶油 …… 25g

1. 巧克力煮融約調整至50℃。
2. 鮮奶油和水飴加熱煮沸。
3. 在**1**中一面慢慢加入**2**，一面用橡皮刮刀混合讓它好好乳化。
4. 加入攪拌變柔軟的奶油，用橡皮刮刀混拌變細滑。移至淺鋼盤中，用保鮮膜紙蓋好，稍微變涼後冷藏保存。

和栗鮮奶油（約20個份）

和栗醬（熊本縣產）…… 600g
白豆泥（白扁豆的豆泥）…… 150g
40%鮮奶油 …… 540g
香草精 …… 少量

1. 在攪拌缸中放入和栗醬和白豆泥，以低速的槳狀拌打器仔細混拌。
2. 一面慢慢加入鮮奶油，一面以低速的槳狀拌打器混拌，以免產生氣泡，混合均勻後加香草精增加風味。

香堤鮮奶油（約20個份）

42%鮮奶油 …… 400g
白砂糖 …… 20g
海藻糖 …… 20g
香草精 …… 適量
君度橙酒 …… 10g

1. 混合全部的材料攪打至八分發泡。

組合及裝飾

（20個份）
和栗甘煮 …… 20個
糖粉（防潮型）…… 適量

1. 在變涼的達克瓦茲蛋糕中央擠入少量巧克力淋醬，放上和栗甘煮讓它固定。
2. 如覆蓋整體般用和栗鮮奶油擠成山型，放入冷凍庫冷凍凝固。
3. 如同覆蓋**2**般，用圓形擠花嘴擠上香堤鮮奶油，再如覆蓋整體般用蒙布朗擠花嘴擠上和栗鮮奶油。最後撒上糖粉。

不斷費心研究 讓外帶依然美味

「本店僅有外賣服務，為了讓甜點帶回家後依然美味，在配方和構造上我都經過仔細考慮。」如日高宣博主廚的說明，這個和栗蒙布朗特別採用達克瓦茲蛋糕作為底座。

顧客買回後有時不會立刻食用，為了讓底座達克瓦茲蛋糕吸收鮮奶油的水分後，口感變得恰到好處，主廚烘烤蛋糕時，讓水分適度蒸發，同時保有柔軟的口感。還加入杏仁粉和榛果粉，添加香味和濃郁度。

「法國人喜歡蛋白餅，法式蒙布朗中雖然會用蛋白餅，但好像許多日本人都不喜歡蛋白餅的甜味。而且，蛋白餅容易吸收水分，易喪失原有的鬆脆口感」主廚提出自己的看法。對於達克瓦茲蛋糕的柔軟口感和甜味，據說獲得顧客滿意的回響。

達克瓦茲蛋糕上用巧克力淋醬黏接大顆和栗甘煮後，擠上和栗鮮奶油。上面如覆蓋般再擠上香堤鮮奶油，最後以和栗鮮奶油覆蓋整體。和栗鮮奶油是用熊本縣產的和栗醬和鮮奶油混合製成，與洋栗相比和栗的味道比較淡，所以配方中放入較多栗子醬，以便呈現明顯栗子的風味。

「為了讓鮮奶油不易變乾，我還加入能提高保水性的「豆餡」。經過試做後，我選擇和栗子非常合味，口感也很綿細的白扁豆餡」，主廚在外賣上也頗費工夫。

此外，主廚對香堤鮮奶油也有獨道的考量。傳統的配方中，為維持鮮奶油的穩定性和保持其狀態，須加入10%量的砂糖，不過日高主廚將一半的砂糖換成海藻糖。海藻糖只有砂糖45%的甜味，這樣甜味不但減少，保水性也會提高，優點是能長時間保有剛擠製的狀態。

重視蒙布朗的風格 充分展現栗子的原味

該店也提供使用與和栗對比的法國製栗子醬製作的「蒙布朗塔」。構成是在底座的法式甜塔皮中擠入杏仁鮮奶油後烘烤成塔，上面再以少量栗子鮮奶油黏著澀皮栗甘煮，擠上大量香堤鮮奶油後，如覆蓋般整體再擠上栗子鮮奶油。

法式甜塔皮經過徹底烘烤，口感酥脆，即使久放味道也變化不大，和法國製栗子醬非常合味。法式甜塔皮和杏仁鮮奶油中，都使用香味明顯和風味佳的西班牙產杏仁粉，杏仁鮮奶油中還加入蘭姆酒提高風味。

栗子鮮奶油是在法國沙巴東公司的栗子醬中混入50%量的栗子鮮奶油，再加入以蘭姆酒增加香味的奶油增添濃郁度，能讓人充分享受到栗子的美味。

「我設計的構想是，最大限度地提引出不同栗子的特色，讓人充分品嚐和栗清淡、高雅的風味，以及法國栗濃厚、綿密的風味。」日高主廚如此表示，他還曾用地瓜、南瓜、草莓、桃子等栗子以外的十多種素材，來製作不同口味的蒙布朗。

「其他店還沒開始之前我就已經做過不同的口味。不過現在各式各樣的店都有做栗子口味以外的蒙布朗。連便利商店也有販售後，我就不做了。」

據說主廚覺得大家都做一樣的東西很無趣，他認為還是應該製作適當素材的甜點，「蒙布朗正因為使用栗子才被稱為蒙布朗」。

對任何年紀的人來說，蒙布朗都是高人氣的熱銷商品，所以該店放在展售櫃中最容易看見的上層中央，夏季因為蛋糕整體的營業額降低，所以該店的「和栗蒙布朗」和「蒙布朗塔」，都從栗子產季的秋天供應至隔年的春天。

Café du Jardin

店東兼甜點主廚　**村山　裕一郎**

國王蒙布朗

575日圓／供應期間　9月中後半～3月左右

主廚是為了讓人享受纖細的和栗美味，開發出這款該店人氣第一的蛋糕。斟酌砂糖、鮮奶油的份量，以活化和栗的風味，完成這個講究的蒙布朗。

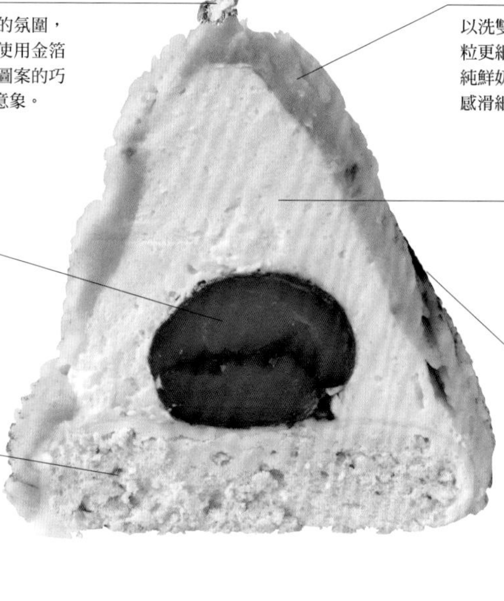

金箔

為了呈現高貴、豪華的氛圍，以金箔做裝飾。除了使用金箔外，主廚還會用王冠圖案的巧克力，以增強國王的意象。

栗子鮮奶油

以洗雙糖（註：類似台灣的二砂，但顆粒更細滑）製作的和栗醬為基材，混合純鮮奶油、鮮奶和黃砂糖粉等，完成口感滑細、甜味自然的栗子鮮奶油。

香堤鮮奶油

使用北海道產純鮮奶油製作。除了極度減少甜味柔和的黃砂糖粉的量，還活用鮮奶油及和栗的風味。

澀皮和栗甘煮

放入一整顆熊本縣產的澀皮栗甘煮，更添豪華感。

可可粉

在側面撒上可可粉，可作為外觀上的重點，及降低栗子鮮奶油的甜味。

蛋白餅＋淋面用巧克力

蛋白餅鬆脆的輕盈口感，具有加強重點的作用。為避免吸收鮮奶油的水分，蛋白餅外表還裹覆淋面用巧克力。

不同口味的蒙布朗

有機莓蒙布朗

→P160

組合精心講究的材料，
品嚐和栗美味的終極蒙布朗

材料和作法

國王蒙布朗

蛋白餅（約180個份）

蛋白 …… 500g
黃砂糖粉 …… 450g
A
- 黃砂糖粉 …… 250g
- 玉米粉 …… 95g
- 脫脂奶粉 …… 155g

淋面用巧克力（白）…… 適量

1. 在蛋白中一面分4～5次加入黃砂糖粉450g，一面充分攪打發泡，製成蛋白霜。
2. 混合材料A過篩備用。
3. 在**1**中加入**2**，使用扁平杓如切割般混拌，以免氣泡破掉。
4. 在裝了14號圓形擠花嘴的擠花袋中裝入**3**，在烤盤上擠成直徑5.5cm的圓形。
5. 放入105℃的烤箱中約烤2小時，放在熄火溫度慢慢下降的烤箱中一晚讓它乾燥。
6. 在**5**的蛋白餅上裹上淋面用巧克力讓它變乾。

香堤鮮奶油（約10個份）

35%鮮奶油 …… 200g
42%鮮奶油 …… 100g
黃砂糖粉 …… 10g
香草精 …… 3滴

1. 將全部的材料混合，充分攪打發泡直到快要分離前。

栗子鮮奶油（約40個份）

和栗醬 …… 2kg
35%鮮奶油 …… 220g
鮮奶 …… 310g
黃砂糖粉 …… 110g
香草精 …… 4滴
Mon Reunion香草精 …… 4滴

1. 全部的材料放入食物調理機中，混拌到整體融合。

組合及裝飾

（1個份）
澀皮和栗甘煮（熊本縣產）…… 1個
巧克力裝飾 …… 1片
金箔 …… 適量
可可粉 …… 適量

1. 在蛋白餅的中央擠上少量香堤鮮奶油，上面放上1個澀皮和栗甘煮。
2. 在裝了10號圓形擠花嘴的擠花袋中裝入香堤鮮奶油，從**1**的周圍呈螺旋狀擠成圓錐形，用抹刀將表面抹平。
3. 在裝了3號排花嘴的擠花袋中裝入栗子鮮奶油，從**2**的底部往圓錐的頂點，如覆蓋般斜向擠上香堤鮮奶油。
4. 在**3**的頂點裝飾上巧克力裝飾和金箔，在側面撒上可可粉。

突顯適合日本人味覺的和栗風味

村山裕一郎主廚以「素材具有的天然美味」為主題，提供使用講究的當令素材製作的甜點。使用和栗的「國王蒙布朗」，在距今約10年前已商品化。過去，該店雖然提供使用法國製栗子醬的蒙布朗，但是某次主廚偶然吃到熊本產的和栗醬，深受其美味感動，因此興起製作和栗蒙布朗的想法。

「和法國製的栗子醬相比，和栗的味道被認為是樸素的『栗子』味。如同和菓子般，我覺得它比較適合日本人的味覺。因此我開始思考如何將和栗的風味和口感，活用在蒙布朗中。」村山主廚說道。

主廚使用的栗子醬，是委託九州廠商生產的特別訂製品。它是使用熊本產的新栗，以及店家寄送的洗雙糖所製作的獨家風味栗子醬。

「雖然白砂糖的甜味感覺比較濃，不過洗雙糖的礦物質成分多，能消除尖銳的風味，呈現柔和圓潤的甜味。使用洗雙糖還有提引和栗風味的效果」村山主廚表示。

栗子鮮奶油的構成中，包含用北海道產的純鮮奶油製作的香堤鮮奶油。從飼育牧草的牛隻取得的純鮮奶油呈米黃色，具有不混雜的豐富風味。在這個鮮奶油中加入黃砂糖粉後打發。糖分減少3％，鮮奶油的乳脂肪成分也調整減至37％，充分打發至快要分離前。這個香堤鮮奶油用來形塑蛋糕的外型，為避免外型坍塌，製作要訣是充分打發變硬。

模擬國王披風及王冠的獨特造型

這個蒙布朗的構成上，成為口感重點的蛋白餅具有重要的作用。塔、海綿蛋糕等加奶油的麵團，若不使用高乳脂成分的鮮奶油，味道會不平衡。為了發揮纖細的和栗風味，必須使用低脂肪的鮮奶油，所以主廚底座採用口感輕盈的蛋白餅。

蛋白餅的作法，是在蛋白中加入富懷念甜味的黃砂糖粉攪打發泡。黃砂糖粉分4～5次加入其中，徹底打發製成堅挺的蛋白霜。接著，混入已混合過篩的玉米粉、黃砂糖粉和脫脂奶粉。加入脫脂奶粉，添加與和栗對味的乳香味，也是蛋白餅的特色。這些粉類混入蛋白霜時，使用舀除浮沫用的扁平杓混合，比用橡皮刮刀混合更不易弄破蛋白霜的氣泡。

蛋白霜麵糊放入105℃的烤箱中慢慢烘烤2小時後，放在熄火後溫度慢慢下降的烤箱中一晚讓它乾燥。之後組裝時，為避免蛋白餅吸收鮮奶油的水分，周圍裹上淋面用巧克力。為呈現蛋白餅特有的鬆脆口感，蛋白霜需仔細慢慢烘烤。

組裝時，蛋白餅上先擠上少量鮮奶油，放上澀皮和栗甘煮，以固定栗子的位置。如覆蓋栗子般呈螺旋狀擠上香堤鮮奶油，外圍再由下往上斜向擠上栗子鮮奶油。這是以國王披風的意象所設計的造型，上面高貴地裝飾上王冠圖案的巧克力和金箔。

享用時最理想的風味是，細綿具和栗風味的栗子鮮奶油、清爽入口即化的鮮奶油，以及鬆脆的蛋白霜三者融為一體。

使用各式各樣講究的素材製作，從名稱顯示出這件商品是「希望獻給國王般的終極蒙布朗」。一個575日圓的高單價，但是秋季時一天仍暢銷近200個，是該店最具人氣的蛋糕。

Charles Friedel

店東兼甜點主廚　**門前　有**

Aiguille du Midi

450日圓／供應期間　全年

主廚雖然承襲正統的蒙布朗，然而「某天，想吃濃郁口味的」，於是研發出不同的風味。它的構成雖然和正統蒙布朗一樣，但細部有變，誕生出這款截然不同的蒙布朗。

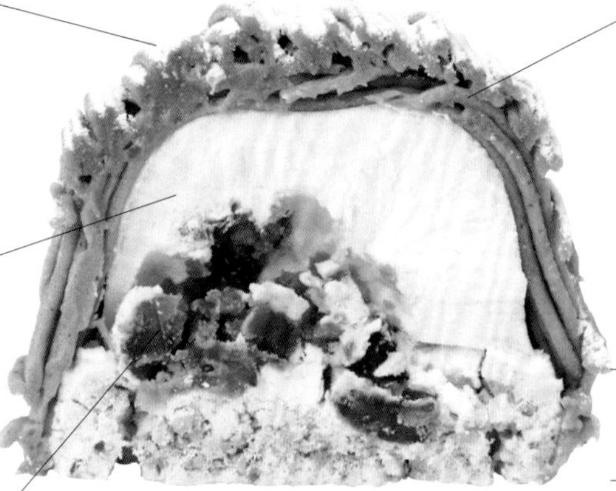

糖粉

使用裝飾用的防潮型糖粉。充分撒到蛋糕上以表現雪的意象。

無糖發泡鮮奶油

使用乳脂肪成分48％的鮮奶油。因為栗子鮮奶油較厚重，需充分打發至快要分離前。

糖漬栗子

使用製造時已碎裂的，能呈現栗子的口感。

栗子鮮奶油

沙巴東公司的栗子醬中加入奶油和蜂蜜，增添濃郁度與風味，並用和蜂蜜等量的蘭姆酒增加香味。為了和發泡鮮奶油一體化，讓它飽含空氣口感更輕盈。

杏仁義大利蛋白餅

杏仁義大利蛋白餅
＋可可奶油

義大利蛋白霜中加入切小丁的杏仁，以增加口感、風味與味道。在80℃至120℃的溫度範圍內慢慢烘烤，烤到裡面都變成鬆脆口感。可可奶油雖然有防止受潮的作用，不過為避免影響香味，只要薄薄地塗上即可。

不同口味的蒙布朗

蒙布朗

→P160

以加入奶油和蜂蜜的
濃厚風味栗子醬為主角

材料和作法

Aiguille du Midi

杏仁義大利蛋白餅
（約40個份）

蛋白 …… 200g
糖漿
- 白砂糖 …… 400g
- 水 …… 135g

杏仁（烤過、切丁）
…… 適量（蛋白霜的2成不到）
可可奶油 …… 適量

1. 製作糖漿。在鍋裡放入白砂糖和水開火加熱，熬煮到120℃。
2. 用電動攪拌機將蛋白攪打發泡。
3. 蛋白攪打發泡變細後，慢慢加入120℃的糖漿，攪打發泡讓它變涼些。
4. 在**3**中加入杏仁，混合。
5. 在裝了圓形擠花嘴的擠花袋中裝入**4**，在鋪了矽膠烤盤墊的烤盤上，擠上直徑約4.5㎝的圓形，放入80～120℃的對流式烤箱中一晚（10～12小時），烤到中心焦糖化為止。
6. 可可奶油加熱至80℃。
7. 趁**5**還熱，放入**6**中裹覆。

栗子鮮奶油（40～45個份）

栗子醬（沙巴東公司）…… 1000g
蜂蜜 …… 70g
蘭姆酒（Negrita Rum）…… 70g
無鹽奶油 …… 100g

1. 冰冷的奶油直接用敲打等方式，讓它變得與栗子醬一樣軟備用。
2. 栗子醬用電動攪拌機攪打變軟。
3. 依蜂蜜、蘭姆酒、奶油的順序加入**2**中，混拌至無粉末顆粒變得綿細為止。

無糖發泡鮮奶油

48%鮮奶油…… 適量（1個約30g）

1. 鮮奶油充分攪打發泡。

組合及裝飾

糖漬栗子（碎栗）…… 適量
糖粉（飾用糖粉）…… 適量

1. 在直徑5㎝×高5㎝的球狀模型中，一個約放入30g發泡鮮奶油，再放入½個份糖漬栗子，蓋上杏仁義大利蛋白餅後冷凍。
2. 將**1**脫模，如覆蓋整體般用壓筒擠上栗子鮮奶油。
3. 撒上糖粉即完成。

高雅風味的蒙布朗和濃厚風味的蒙布朗

門前主廚製作的蒙布朗有兩種，一是自開店當初就推出的「蒙布朗」（P160）。它是根據主廚過去修業的「Au Bon Vieux Temps」所學的風味變化而成。組合法式蛋白餅、發泡鮮奶油和栗子香堤鮮奶油。栗子香堤鮮奶油就是法國常見的栗子鮮奶油，高雅的風味不論小孩、大人都容易食用。持續製作這款蒙布朗七、八年後，主廚興起「想吃風味濃郁的蒙布朗」的念頭，於是開始研發第二種，那就是「Aiguille du Midi（南針鋒）」。白朗峰（Mont Blanc）這座山位於法國和義大利的邊境。「蒙布朗（Mont Blanc）」若是法國風格，那麼主廚這次要做的便是義大利風格，因此冠以位於義大利國境的山名。它的構造和之前的「蒙布朗」雖然相同，不過細部加入變化，味道也變得截然不同。

首先，主角栗子鮮奶油是在栗子醬中加入少量奶油的風格。主廚考慮全年商品需具備穩定的品質和數量，因此選擇沙巴東公司產的栗子醬。由於加工品也當作素材之一，主廚覺得最好可以自行調整，加入能添加甜味和風味的素材。經過他實際不斷嘗試獲得目前的配方，相對於栗子醬的份量，加入一成比例的奶油及7%量的蜂蜜，能夠增加濃郁度與風味。

在攪拌變柔軟的栗子醬中加入蜂蜜和蘭姆酒，不過，是否加蘭姆酒給人的印象有天壤之別。但是，也不能為了營造風味加入大量的蘭姆酒。酒和香草、調味料等同為香料之一，不僅能改變味道，也能用來增加香味。主廚是選用Negrita Rum蘭姆酒，這個品牌的優點是只需很少量就能產生效果。白蘭地、櫻桃白蘭地雖然都能搭配栗子的香味，不過蘭姆酒依然是箇中翹楚。「作為法國甜點店，我珍惜傳統的組合」。此外，加入奶油時，要先讓奶油和栗子醬的硬度一致，較不易形成顆粒，不過用電動攪拌機攪拌時會發熱，最好讓它保持冰冷。

組合栗子醬和奶油後，再混合讓它含有空氣。栗子鮮奶油原來口感較硬，直接和無糖發泡鮮奶油一起入口時，會覺得口感無法融合。原本主廚擔心含有空氣後栗子的味道會被稀釋，不過調整配方後，即使鮮奶油中混入空氣，栗子的味道也依然濃郁，並不成問題。

栗子鮮奶油即使含有空氣，仍有相當的重量，所以支撐它的無糖發泡鮮奶油需徹底打發。打發到鮮奶油快要分離前也無妨，若不充分打發，時間一久會被栗子鮮奶油的重量壓扁。該店是擠入球狀模型中冷凍凝固，冷凍後也有助增加保形性。

受潮的蛋白餅呈現另一種美味

作為底座的杏仁義大利蛋白餅，主廚不只讓它呈現甜味與口感，還加入杏仁表現風味。不過若想不輸給栗子風味的話，還可以加入榛果等其他的堅果。蛋白餅的製作重點是連中心都要徹底烘烤。要烤乾水分時，最適合使用對流式烤箱，在「Charles Friedel」，若放在80℃至120℃的溫度範圍中一晚（10～12小時）的話，有時是80℃靜置一晚，隔天再加熱至120℃。只要裡面徹底烤透，並沒有固定的烘烤方式。不過，超過120℃時裡面會烤焦，這點須注意。以可可奶油裹覆蛋白餅時，若裹得太厚會影響蛋白餅特有的香味，為了儘量塗薄一點，將可可奶油加熱至用手摸起來有點熱，趁蛋白餅還熱時放入可可奶油中裹覆。可可奶油的防潮效果會逐漸變差，不過這樣也不錯。有些人比較喜歡蛋白餅中滲入一些鮮奶油的水分，那樣的口感也是蛋白餅的美味之一。主廚表示「剛做好經過放置，味道一定會有變化，我想這也是蒙布朗甜點的特色」。

✢✢✢✢✢✢✢✢✢✢✢✢✢✢✢✢✢✢✢✢✢✢✢✢✢✢✢✢✢✢✢✢✢

LE JARDIN BLEU

店主兼主廚 福田 雅之

蒙布朗

420日圓／供應期間 全年

主廚從法國的栗子船形塔和日本的傳統蒙布朗獲得靈感，開發出這款符合自己理想的蒙布朗。塔和鮮奶油融為一體，組裝上重視突顯整體的份量感。

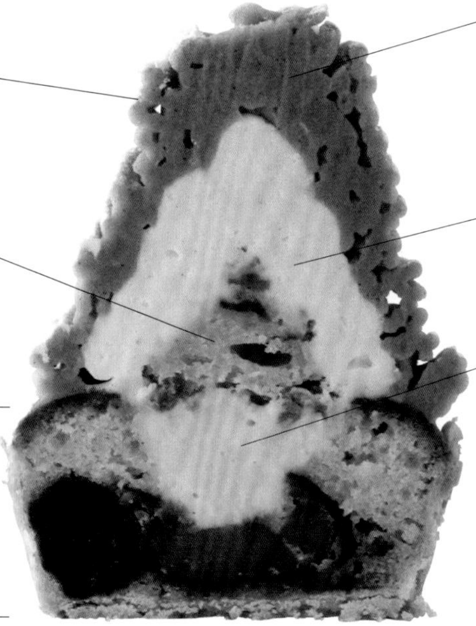

糖粉

如讓人連想到覆蓋白雪的白朗峰般，在整體上撒上糖粉。

杏仁鮮奶油

一面模仿日本傳統的蒙布朗，一面鑲入塔的杏仁鮮奶油。

栗子塔

脆餅乾＋
杏仁鮮奶油＋
黑醋栗＋糖漬栗子

主廚希望呈現酥脆的口感，塔台選用脆餅乾。特色是呈現發酵奶油和杏仁糖粉的濃厚風味。塔皮擀得極薄，具有輕盈的口感。杏仁鮮奶油以蘭姆酒的圓潤芳香成為重點特色。加入濃郁的糖漬栗子和酸味的黑醋栗果實後烘烤，烤好後，塗上糖漬栗子的糖漿，以強調栗子的風味。

蒙布朗鮮奶油

混用栗子醬和栗子鮮奶油，以凝縮厚味與美味。還加入少量濃縮栗子醬，使香味更豐厚。加入鮮奶油，以呈現綿細的口感。

無糖發泡鮮奶油

擠上以無糖的42％鮮奶油充分攪打的鮮奶油，還具有支撐蒙布朗鮮奶油的作用。

卡士達醬

能將整體的風味調整得更豪華，使用卡士達粉攪打而成。

不同口味的蒙布朗

和栗蒙布朗

→P160

香蕉蒙布朗

→P160

融合法國與日本傳統
栗子甜點的理想型蒙布朗

材料和作法

蒙布朗

栗子塔（約20個份）

脆餅乾（pâte sablée）（※1）……下記全量
杏仁鮮奶油（※2）……下記全量
糖漬栗子（Agrimontana公司「碎栗」）……適量
黑醋栗果實（法國製冷凍品）……塔1個5顆
糖漿（裝飾用糖漬栗子）……適量

※1 脆餅乾

無鹽發酵奶油……240g
白砂糖……100g
杏仁糖粉……100g
全蛋……40g
低筋麵粉……400g

1. 在鋼盆中放入乳脂狀的發酵奶油和白砂糖，用打蛋器混拌，再加入杏仁糖粉混合。慢慢地加入打散的全蛋混合。
2. 混合過篩備用的低筋麵粉，整體攪拌成團。用保鮮膜包好，放入冷藏庫一晚讓它鬆弛。

※2 杏仁鮮奶油

無鹽發酵奶油……225g
糖粉……225g
杏仁粉……225g
低筋麵粉……45g
全蛋……270g
蘭姆酒（黑）……20g

1. 在攪拌缸中放入乳脂狀的發酵奶油、糖粉、杏仁粉和篩過的低筋麵粉，以中速的槳狀拌打器一面混拌，一面讓它混入空氣。
2. 整體融合後，慢慢加入打散的全蛋混合，再加蘭姆酒混合。

1. 將混合材料放在冷藏庫一晚已鬆弛的脆餅乾麵團，取出放到工作台上，擀成厚2㎜，用直徑8㎝的菊形切模切割，鋪入直徑6㎝、高3㎝的塔模型中。
2. 在1中擠入少量杏仁鮮奶油，放入少量糖漬栗子和解凍的黑醋栗5顆，再擠入杏仁鮮奶油。
3. 放入180℃的對流式烤箱中烤20分鐘，趁熱，充分刷上裝飾用的糖漬栗子糖漿。

卡士達醬（約20個份）

鮮奶……500g
香草棒……½根
蛋黃……70g
白砂糖……125g
卡士達粉……45g
無鹽奶油……20g

1. 在鍋裡一起放入鮮奶和刮取下的香草豆和豆莢，開火加熱煮沸。
2. 在鋼盆中放入蛋黃，用打蛋器打散，加入白砂糖攪打發泡變得泛白。加入卡士達粉混合。
3. 在2中倒入1充分混合，用網篩一面過濾，一面倒回鍋裡。充分加熱，加入奶油用橡皮刮刀攪拌變細滑直到泛出光澤為止。
4. 底下放冰水，一面不時混拌，一面放涼。

蒙布朗鮮奶油（約30個份）

35％鮮奶油……120g
濃縮栗子醬（Narizuka Corporation「Jupe」）……2g
無鹽奶油……240g
栗子醬（沙巴東公司）……1200g
栗子鮮奶油（沙巴東公司）……600g
蘭姆酒（黑）……60g

1. 鮮奶油煮沸稍微放涼，加入濃縮栗子醬混合。
2. 在攪拌缸中放入奶油，用槳狀拌打器充分攪打到與栗子醬相同的硬度。
3. 在2中依序各分2～3回加入栗子醬和栗子鮮奶油。慢慢加入1的鮮奶油，再加蘭姆酒混合。
4. 用過濾器過濾變細滑。

無糖發泡鮮奶油（約20個份）

42％鮮奶油……200g

1. 用電動攪拌機將鮮奶油攪打發泡。

組合及裝飾

（1個份）
糖粉……適量
糖漬栗子（Agrimontana公司「Genuine Marrone」）……1個

1. 栗子塔的中心挖出直徑2㎝的圓錐形，擠入卡士達醬，挖出的材料再倒叩放入。
2. 用圓形擠花嘴將電動攪拌機攪打變硬的無糖發泡鮮奶油，呈螺旋狀擠成4.5㎝高，放入冷凍庫冷凍使它凝固。蒙布朗鮮奶油用蒙布朗擠花嘴呈螺旋狀擠成6.5㎝高，撒上糖粉後，裝飾上糖漬栗子。

塔和鮮奶油融為一體 重視整體的份量感

「LE JARDIN BLEU」的店主兼主廚福田雅之先生，以自己仔細研究過的兩個栗子甜點為基礎，設計出這款蒙布朗。

「一個是法國的傳統甜點栗子船形塔。在我心目中，蒙布朗的底座是栗子船形塔。底座確實製作成如栗子船形塔般的美味栗子塔，只要這樣我想蒙布朗就能讓人充分感到滿足。」

福田先生覺得原本的蛋白餅底座的蒙布朗，吃起來風味略嫌不足，而上面的鮮奶油味道又太突顯，平衡感不佳。他理想中的蒙布朗，是整體風味均衡，又具有份量感。為了追求那樣的美味，他想到底座改用栗子塔。

另一個栗子甜點是，主廚小時候曾經吃過，令人懷念的日本蒙布朗。那是海綿蛋糕挖空，擠入鮮奶油後，再將挖出的蛋糕倒叩上去，最後擠上栗子鮮奶油。為了表現那具有復古風情、令人難以忘懷的蒙布朗，主廚設計出獨特的結構。

這兩款美好的傳統甜點經過重新建構，就創作出「LE JARDIN BLEU」的蒙布朗。

脆餅乾和鮮奶油都活用 濃郁的栗子風味

福田主廚最講究的栗子塔，重點在呈現脆餅乾的酥脆口感。麵團擀成2㎜薄，鋪入模型時又延展變得更薄，目地在烤出與上面的鮮奶油融合，口感又酥脆的底座。

擠入脆餅乾中的杏仁鮮奶油中，還放入與栗子極合味的黑醋栗果實，以及富風味的糖漬栗子一起烘烤。烤好後刷上糖漿栗子的糖漿，讓人更能享受到栗子濃厚的風味。

塔以外的部分，主廚想重現上述的日本傳統蒙布朗。主廚在塔的中央呈圓錐形挖空，擠入調味用的少量卡士達醬。「卡士達醬和擠在上面的鮮奶油一起食用，味道會變得豪華豐盛」福田主廚說道。為強調奶香味，卡士達醬中不使用低筋麵粉，而使用卡士達粉，因為卡士達粉不易融化，所以比低筋麵粉多花一倍的時間細煮。

挖出的杏仁鮮奶油倒扣放上，突出的高度作為蒙布朗的軸心。上面高高地擠上和蒙布朗鮮奶油平衡良好，以乳脂肪成分42%的鮮奶油充分打發的發泡鮮奶油。

蒙布朗鮮奶油中使用的栗子材料，主廚選用法國沙巴東公司的栗子醬和栗子鮮奶油。它的口感綿細，具有濃郁的栗子美味，而且，該公司知名度高，值得信賴，所以主廚長期使用。

比起風味，主廚更講究蒙布朗鮮奶油的綿細口感。主廚在水分較少的栗子醬中，混入含有較多糖漿的細綿栗子鮮奶油，將它調整成稍柔軟的口感。

這個鮮奶油經冷藏或隨著時間變得乾燥，常會發生剝落，或無法和疊在下層的無糖發泡鮮奶油融為一體。據說在栗子醬中加入液態鮮奶油，不僅能保持鮮奶油的細滑度，硬度也會變得和下面的發泡鮮奶油差不多，使兩者融合得更好。

在作法上要注意的是，混合時為避免殘留顆粒，最初奶油要用勾狀拌打器充分混拌，變得和接下來要加入的栗子醬相同的硬度。之後依序慢慢加入栗子醬，以低速混拌，再倒入鮮奶油使其融合福田主廚表示，該店開幕以來就推出的這款蒙布朗，他不打算變更味道或外型。所以，除了招牌蒙布朗以外，他又加入香蕉蒙布朗及和栗蒙布朗等不同的口味，也都深受顧客歡迎。

Pâtisserie Religieuses

店東兼甜點主廚　**森　博司**

蒙布朗

450日圓／供應期間9月～2月左右

主廚時常改變蒙布朗的構成，以追求美味的組合，這款變化風味的蒙布朗，為突顯栗子的原味，在具抹茶澀味的達克瓦茲蛋糕中，還組合紅茶風味的香堤鮮奶油。

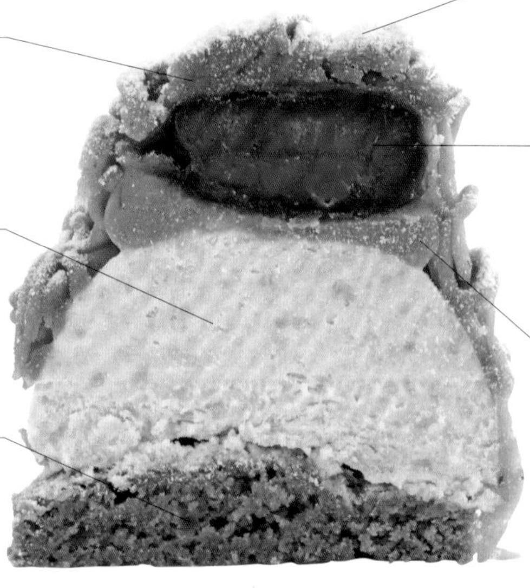

糖粉
撒上防潮型糖粉作為裝飾。
栗子鮮奶油
用栗子醬10%量的栗子糖漿來稀釋，以強調栗子感。
澀皮栗甘煮
選擇和其他部分保持良好平衡的甜味產品。
紅茶香堤鮮奶油
組合上散發特有佛手柑清爽香味的伯爵紅茶，來突顯栗子風味，是口感綿細的慕斯風味鮮奶油。
巧克力風味卡士達醬
加入和紅茶、抹茶兩者都很對味的牛奶巧克力，以增加風味。
抹茶達克瓦茲蛋糕
選用和栗子合味的抹茶，濕潤的口感也博得顧客一致的好評。

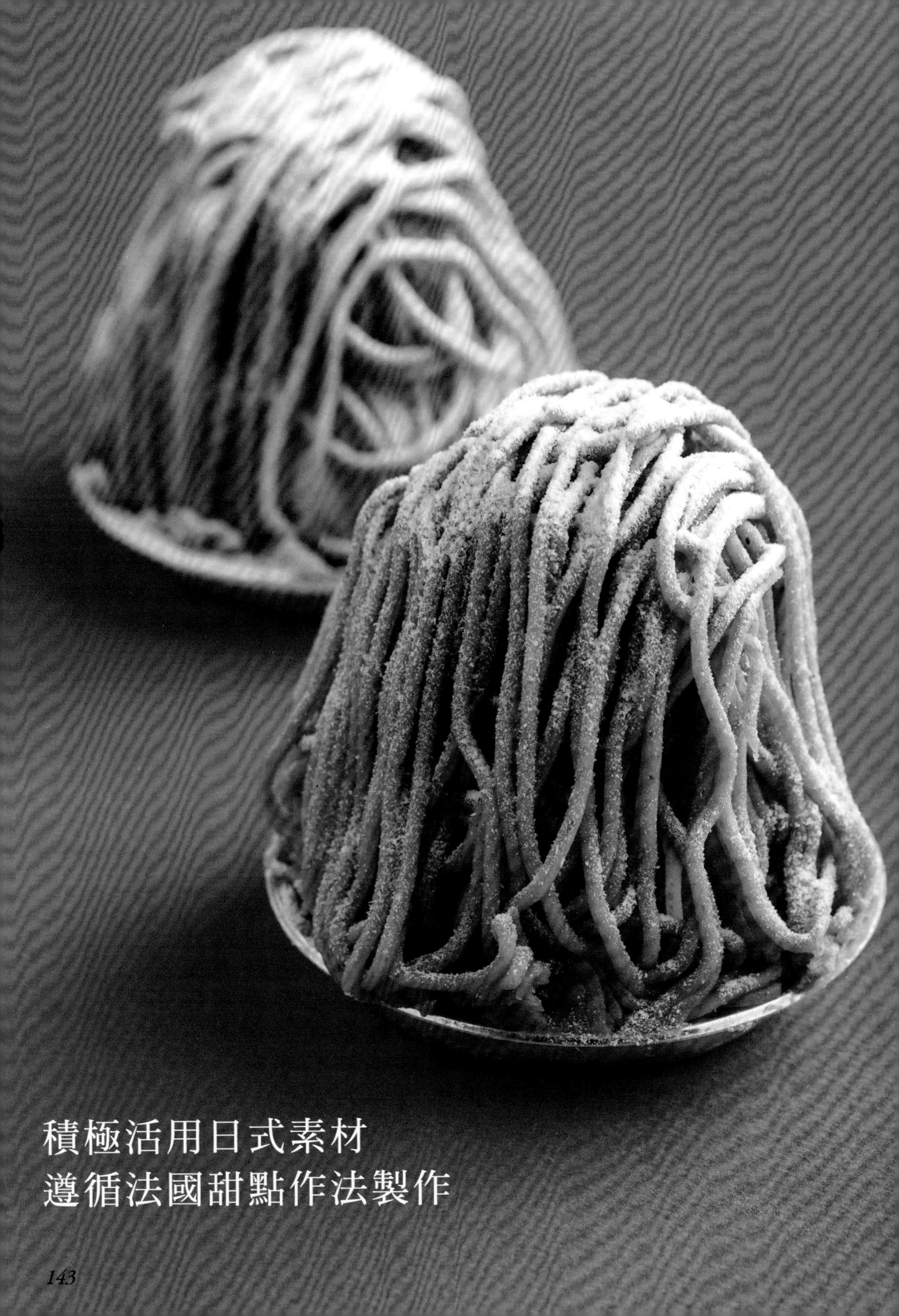

積極活用日式素材
遵循法國甜點作法製作

材料和作法

蒙布朗

抹茶達克瓦茲蛋糕（約10個份）

蛋白霜
- 蛋白 …… 162g
- 乾燥蛋白（自製）…… 24g
- 白砂糖 …… 54g

A
- 杏仁粉 …… 150g
- 糖粉 …… 90g
- 抹茶 …… 9g

發酵奶油 …… 20g
糖粉 …… 適量

1. 將蛋白、乾燥蛋白和白砂糖混合充分攪打發泡，製作硬式蛋白霜。
2. 將預先過篩混合的A充分混合後，加入**1**中用刮板混拌。
3. 在置於常溫下呈乳脂狀的奶油中，加入少量的**2**混合，融合後再倒回**2**中混合整體。
4. 在鋪上烤焙墊的烤盤上，用圓形擠花嘴擠成直徑6㎝的圓形。在表面撒上糖粉，第1次的糖粉融化後再撒一次糖粉。放入130℃的對流式烤箱中烤30分鐘讓它乾燥。

紅茶香堤鮮奶油（約10個份）

鮮奶 …… 250g
紅茶茶葉（伯爵紅茶）…… 12.5g
吉利丁片 …… 12.5g
無糖發泡鮮奶油（35％鮮奶油／攪打至七分發泡）…… 250g

1. 在鮮奶中加入紅茶葉煮沸，快煮沸前熄火，加蓋燜5分鐘。
2. 過濾取出茶葉，加熱直到快煮沸前熄火，加入預先泡水（份量外）已回軟的吉利丁片使其溶化。
3. 再次過濾，在容器底下放冰水冷卻，變涼後加入無糖發泡鮮奶油混合。擠入直徑6㎝的圓頂形模型中，放入冷凍庫中冷凍使它凝固。

巧克力風味卡士達醬（約10個份）

卡士達醬（※）…… 100g
40％牛奶巧克力（法芙娜公司「吉瓦那〔Jivara lactee〕」）…… 30g

※卡士達醬（備用量）

鮮奶 …… 1 ℓ
香草棒 …… ½根
蛋黃 …… 約200g（10個份）
白砂糖 …… 160g
卡士達醬粉（法國Moench「卡士達醬」）…… 80g
無鹽奶油 …… 80g

1. 在銅鍋裡倒入鮮奶，香草棒縱剖刮出香草豆，連豆莢一起放入鮮奶中，加熱至快煮沸前熄火。
2. 同時進行，在蛋黃中加入白砂糖和卡士達醬粉，混合變得泛白。
3. 在**2**中倒入**1**充分混合，再馬上倒回銅鍋中再度加熱。加熱至85℃時熄火，加入奶油混合。一面用網篩過濾，一面倒入方形淺鋼盤中，在表面緊密蓋上保鮮膜急速冷凍。變涼後即可使用。

1. 在融化的巧克力中，加入打散的卡士達醬100g，用打蛋器混合變細滑。

栗子鮮奶油（約10個份）

栗子醬（沙巴東公司）…… 約800g
栗子糖漿 …… 80g（栗子醬的10％量）

1. 在栗子醬中，加入約加熱至60℃的栗子糖，用打蛋器混合，調整變硬後，用網篩過濾變細滑。

組合及裝飾

（10個份）
澀皮栗甘煮 …… 10個
糖粉（防潮型）…… 適量

1. 在抹茶達克瓦茲蛋糕上，放上脫模的紅茶香堤鮮奶油。在表面中央擠上巧克力風味卡士達醬，放上1個澀皮栗甘煮讓它固定。
2. 在和菓子用的壓筒中裝入栗子鮮奶油，如覆蓋**1**般擠上，再撒上糖粉。

組合美味的各元素 營造出更頂級的美味

「蒙布朗當然不用說，對於所有的甜點我追求的是，先讓每一個部分都美味，再將這些部分組合成完整的成品，以展現更頂級的美味。」如此表示的森主廚，在挑選材料上投注相當大的心力。製作甜點時，甜點師傅當然要具備優異的技術，最好還要有先進的廚房等設備。接下來，製作美味甜點的重點就是材料，不論任何風格的甜點，主廚都希望儘可能地使用最好的材料。據說20年前，主廚在巴黎製作法式甜點時，就已使用抹茶、柚子等日式素材，獲得極高的評價。

主廚已做過許多不同口味的蒙布朗，例如：在使用法國製栗子醬的鮮奶油中，組合白黴起司的慕斯；在和栗醬的鮮奶油中搭配紅豆、黃豆粉；或使用紫芋、南瓜等當令食材，之後。他還會推出什麼口味的蒙布朗，顧客們都在引領期盼。

這裡介紹的蒙布朗，主廚是運用該店的布丁等甜點中所用的高人氣抹茶和紅茶來製作，完成結構平衡極佳的蒙布朗。

香堤鮮奶油具有綿細的慕斯口感，冷藏後為呈現濃厚的風味與香氣，主廚使用適合製作冰茶的伯爵紅茶的茶葉。一般的作法是在鮮奶中放入茶葉加熱，快煮沸前熄火，加入吉利丁融化後再過濾。但是，這種作法茶葉浸泡得太久會產生澀味，主廚為避免味道變濁，採取較費工的作法，他在鮮奶中泡出適當的茶葉風味後，立刻過濾剔除茶葉，放入吉利丁煮融後再過濾。

紅茶香堤鮮奶油上，用來黏著澀皮栗甘煮的卡士達醬，以可可成分40％的牛奶巧克力增加風味。白巧克力甜味太重，苦味巧克力的酸味又會破壞紅茶和抹茶的風味。牛奶巧克力則能襯托紅茶和抹茶兩者的風味，為整個甜點加入恰到好處的重點特色。

底座選擇達克瓦茲蛋糕，是因為使用比蛋白霜濕潤的蛋糕，整體能取得平衡，杏仁的風味和抹茶的味道也能充分調和。

栗子鮮奶油是使用主廚喜愛的沙巴東公司的栗子醬，以其10％量的栗子風味的糖漿稀釋。作業時糖漿加熱至60℃較容易混合。雖然為了使口感更好也可以加蘭姆酒或卡士達醬，不過因為主廚非常重視栗子本身的味道，而且有許多顧客都是買給孩子吃的，所以主廚不加酒，只是經過仔細過濾，以增進細滑的口感。

主廚也活用從和菓子師傅的祖父學得的技術和知識，這次的栗子鮮奶油，就是用和菓子專用的擠製器「壓筒」來擠製。

以素材增加風味的多樣性 在構成上添增變化

森主廚本身也喜愛蒙布朗。他表示，在法國「蒙布朗大多是以白黴起司為基材，只混入栗子鮮奶油」。「我在法國第一次吃到白黴起司的蒙布朗時十分驚訝。它和栗子非常合味，那種簡單的美味令人感動」。

主廚回國後，在開設的店裡推出白黴起司蒙布朗時，顧客的反應非常熱烈，所以一直持續銷售至今。

在日本，不論男女老幼都知道蒙布朗，法式甜點店少不了它，在經營上它也是重要的商品。森主廚考慮到如果一面銷售，一面說明蒙布朗在法國原是這樣甜點，那麼製作出不同口味的蒙布朗時，顧客就會注意到變化。

以和、洋栗子為主到南瓜等，主廚已分別使用各種素材製作出許多不同風味的蒙布朗，但他對於組合各種素材和技術，開發出更富魅力的蒙布朗依舊熱情不減。

PERITEI

店東兼甜點主廚　**永井　孝幸**

蒙布朗

441日圓／供應期間　全年

栗子鮮奶油中使用烤栗醬，特色是從芳香面來表現栗子的風味。放在中心的粗磨可可豆的口感、苦味和芳香度也成為風味的重點。

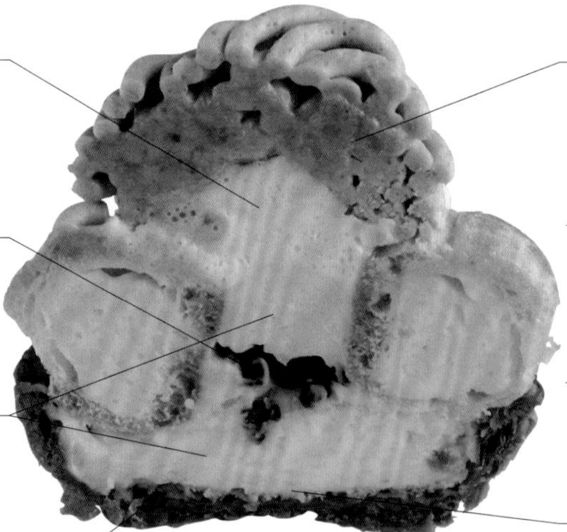

香堤鮮奶油

乳脂肪成分35%和42%的鮮奶油，以1：1的比例混合，來提高保形性。

粗磨可可豆

少量使用粗磨可可豆，讓它的香味、苦味和香脆口感成為蒙布朗的重點特色。

迪普洛曼鮮奶油

使用經熬煮濃縮，味道濃郁的卡士達醬，來取代減少甜味，完成後具有硬度。

千層酥皮

加入發酵奶油使烘烤後更香，烤到稍微焦糖化，以預防濕氣。

栗子鮮奶油

法國製的烤栗子醬和奶油混合而成。攪打讓它含有空氣口感變輕盈。

小泡芙

泡芙麵糊＋
迪普洛曼鮮奶油

這是填入迪普洛曼鮮奶油的小泡芙。除了能嚐到鮮奶油的滋味，同時也成為甜點的重點。

海綿蛋糕

具有防止濕氣的作用。為避免影響風味，切成極薄片使用。兩片之間還擠入少量的迪普洛曼鮮奶油。

不同口味的蒙布朗

南瓜
蒙布朗

→P160

紫芋
蒙布朗

→P160

草莓
蒙布朗

→P160

以烤栗醬的香味
表現栗子風味

材料和作法

蒙布朗

千層酥皮（直徑7㎝×高2㎝的塔模型144個份）

高筋麵粉……500g
低筋麵粉……500g
鹽……20g
水（冷水）……500g
融化發酵奶油液……100g
發酵奶油……800g

1. 高筋麵粉和低筋麵粉混合過篩，冰涼備用。
2. 將1、鹽、冷水和融化奶油液用攪拌機混合，製作成水麵團（détrempe）。用保鮮膜或塑膠袋包好，放入冷藏庫中冰一天。
3. 在2的麵團中摺入奶油。擀開麵團，包入奶油摺三褶2次後，放入冷藏庫2小時讓它鬆弛。再摺三褶2次，放入冷藏庫冰2小時讓它鬆弛，再摺三褶2次，放入冷藏庫中一天讓它鬆弛。
4. 將3擀成2㎜厚，在整體上戳洞，用直徑11㎝的中空圈模切取，鋪入模型中。
5. 放上鎮石，放入上火190℃、下火210℃的烤箱中烤40分鐘，拿掉鎮石，撒上糖粉，放入230℃的烤箱中烤到酥鬆。

泡芙麵團（約500個份）

鮮奶……125g
水……125g
無鹽奶油……120g
鹽……2g
白砂糖……5g
低筋麵粉……200g
全蛋……6個

1. 在鮮奶和水中，放入鹽、白砂糖、奶油使其融化，煮沸。
2. 加入過篩的低筋麵粉混合，以炒的感覺來加熱至鍋底有薄膜的程度。
3. 將全蛋充分打散，慢慢地加入已離火的2中。一面看著混合情況，一面倒入蛋汁，避免產生顆粒。
4. 將3用9號圓形擠花嘴擠成直徑1.5㎝。
5. 放入上火190℃、下火210℃的烤箱中烤20分鐘，再打開風門烤10分鐘。

迪普洛曼鮮奶油（備用量）

鮮奶……1000㎖
香草棒……適量
蛋黃……160g
白砂糖……160g
低筋麵粉……40g
玉米粉……50g
無鹽奶油……150g
香堤鮮奶油（下記參照）……200g

1. 蛋黃和白砂糖攪打成乳脂狀。
2. 在1中加入低筋麵粉和玉米粉混合。
3. 香草棒是刮出香草豆和豆莢一起放鮮奶中，加熱煮沸。
4. 在2加入3混合，倒回鍋裡加熱30分鐘，充分熬煮。
5. 加入奶油煮融混勻後，倒入鋼盆中，底下放冰水冷卻。
6. 在表面緊密蓋上保鮮膜，放入冷藏庫中一天讓它鬆弛。
7. 在6中加入攪打至九分發泡的香堤鮮奶油，混合。

香堤鮮奶油（備用量）

35%鮮奶油……500㎖
42%鮮奶油……500㎖
白砂糖……50g

1. 混合兩種鮮奶油，加入白砂糖攪打發泡。

※迪普洛曼鮮奶油用的加入攪打至九分發泡的鮮奶油，裝飾用的加入攪打至八分發泡的鮮奶油。

栗子鮮奶油（7個份）

栗子醬（Minerve「烤栗栗子醬」）……100g
無鹽奶油……100g
蘭姆酒……10g

1. 用電動攪拌機混合材料。最好讓它含有空氣至某程度。

組合及裝飾

海綿蛋糕（※）……適量
粗磨可可豆……適量
澀皮栗甘煮（韓國產）……適量
果凍膠……適量

※海綿蛋糕
（60㎝×40㎝的烤盤1片份）

全蛋……900g
白砂糖……480g
低筋麵粉……480g
無鹽奶油……120g
鮮奶……60g

1. 混合蛋和白砂糖，隔水加熱攪打發泡至綢緞狀。
2. 將奶油和鮮奶混合加熱備用。
3. 在1中加入過篩的低筋麵粉，如切割般混合以免氣泡破掉。
4. 在3中加入2，混合。
5. 倒入烤盤中，放入上火180℃、下火180℃的烤箱中烤35分鐘。

1. 在小泡芙中擠入迪普洛曼鮮奶油，在表面塗上少量果凍膠。
2. 將海綿蛋糕切極薄片，用直徑5㎝的中空圈模割取。
3. 在鋪入烤好的千層酥皮的塔模型中，放上1片的2，用裝了8號圓形擠花嘴的擠花袋擠入少量迪普洛曼鮮奶油，再放上1片海綿蛋糕，在千層酥皮上再滿滿擠上迪普洛曼鮮奶油。
4. 呈對角線放上塗上果凍膠的2個澀皮栗甘煮和2個1的小泡芙。在中心放上少量粗磨可可豆，擠入迪普洛曼鮮奶油至小泡芙和栗子的高度為止。
5. 用裝了8號圓形擠花嘴的擠花袋，呈十字擠上香堤鮮奶油，上面呈螺旋狀約擠1㎝高。
6. 用裝了蒙布朗擠花嘴的擠花袋，呈螺旋狀擠上高2㎝的栗子鮮奶油。

綜觀整體
仔細製作各部分

「PERITEI」是提供法式甜點、家常料理的美食餐廳，在那裡也能喝咖啡、吃甜點。

在製作甜點上，永井孝幸主廚珍惜的是甜味裡也能讓人感受到纖細的元素。甜味當然不可或缺，但是吃過之後只留下甜味的印象，素材感就太弱了。甜味中呈現素材感的平衡相當重要，主廚也是根據這個基礎來構成蒙布朗。

這個蒙布朗的底座是派。主廚也曾考慮做成塔，但他覺得塔太過厚重。擠上大量的鮮奶油，還放上栗子和小泡芙，如果是派的話不會太甜，而且酥鬆的口感與香味還能增加特色。千層酥皮加入發酵奶油，烘烤後更香。烘烤的要訣是讓麵團充分地鬆弛。麵團鬆弛後，麵團和奶油變成差不多的硬度，才能製作出漂亮的層次。烤好後撒上白砂糖放入烤箱再烘烤，使表面焦糖化。這項作業也能增加派的風味，不過主要目的還是為了防止鮮奶油的濕氣。另一個防止濕氣的方法是，在塔模中烤好的派皮中鋪入海綿蛋糕。蛋糕只是為了要防潮，為避免影響味道，海綿蛋糕要切成極薄。

擠上迪普洛曼鮮奶油後，另一項重點是讓粗磨可可豆沉下去。雖然可可豆很少量，但可可豆的苦味能突顯甜味，也能增加口感上的變化。

迪普洛曼鮮奶油要攪打變硬。為什麼呢，因為主廚覺得製作迪普洛曼鮮奶油的卡士達醬是減少甜味的配方，減少甜味後又很稀軟的話，吃起來會感覺有點不夠味。以熬煮的感覺約煮30分鐘，讓美味凝縮，產生厚味。將這個放入冷藏庫一天讓它鬆弛後再使用。煮好後若立刻混合香堤鮮奶油，剛開始也許很細綿，但時間一久口感會變得很差。

風味為了不亞於凝縮的迪普洛曼鮮奶油，香堤鮮奶油要充分攪打至九分發泡。

以烤栗醬的鮮奶油
呈現「山」的意象

這個蒙布朗外型上的特色是小泡芙及和栗甘煮。小泡芙中擠入迪普洛曼鮮奶油。永井主廚的甜點中常使用小泡芙，是該店很受歡迎的產品，它容易親近的外型和飽滿的鮮奶油口感，讓人心情感到放鬆。為了呈現漂亮的烤色，麵團配方中加入少量的白砂糖。

大顆澀皮栗甘煮為韓國產品。主廚選擇的原因是它的品質佳，和顧客容易購買的價格取得平衡。每個蛋糕各放兩顆令人感到滿足。

呈現融雪般意象的香堤鮮奶油，是乳脂肪成分35%和42%的鮮奶油以等比例混合，來提高保形性。

最後擠上的栗子鮮奶油中，使用義大利產栗的法國製烤栗醬。永井主廚表示「烤栗的香味，能表現更鮮明的栗子感」。烤栗醬和等量的奶油混合後，融口性也變得更好。混合時，奶油和烤栗醬調整成相同的硬度較易混合。讓它含有某程度的空氣，不但能呈現輕盈感，同時也較容易擠製。

蒙布朗整體的設計意象是冬季的山。為呈現漂亮的外觀，主廚想像著整體的景象來製作。只按照程序作業，每個部分沒有連結感，整體的線條也不自然。

永井主廚將蒙布朗視為「山型的甜點」，他不認為一定得用栗子這項素材。以前的蒙布朗常被認為是冬季的甜點，所以主廚配合不同季節製作多種蒙布朗，像以「春之山」的意象製作出「草莓蒙布朗」（P160）等，每種口味都受到顧客的歡迎。

pâtisserie
ROI LEGUME

店東兼主廚　小寺 幹成

蒙布朗

420日圓／供應期間　全年

和栗為基材的鮮奶油中，組合海綿蛋糕和迪普洛曼鮮奶油等。作為該店蒙布朗象徵食材的核桃，放於墊在底下的的達克瓦茲蛋糕上，以加深顧客的印象。

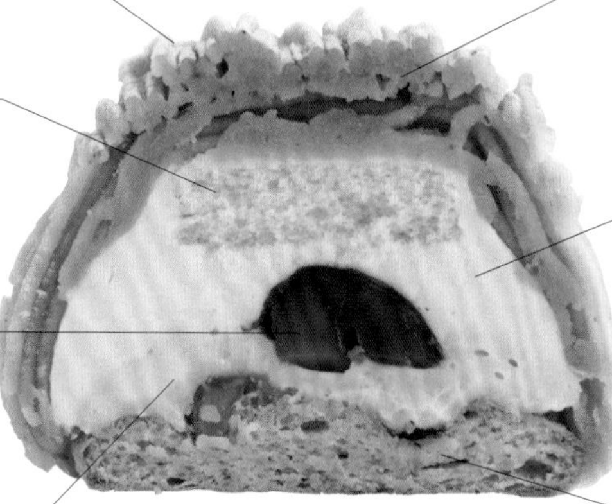

糖粉

蒙布朗上撒上防潮型糖粉，以表現山頂的積雪。

海綿蛋糕

為了讓含大量鮮奶油的蒙布朗不膩口，又加入一片切成1.5cm厚的海綿蛋糕，以保持味道的平衡。

澀皮栗甘煮

裡面放入切半的澀皮栗甘煮，以強調栗子的味道和口感。

迪普洛曼鮮奶油

為了呈現比只用鮮奶油更具衝擊的風味，組合上味道濃厚的迪普洛曼鮮奶油。

蒙布朗鮮奶油

在國產蒸栗醬的基材中，混入法國的栗子醬、栗子鮮奶油和栗子泥，以補足栗子的風味，並展現西洋甜點風格。

無糖發泡鮮奶油

使用乳脂肪成分47%的高乳脂鮮奶油製作。不加砂糖和洋酒，攪打至舌頭喜愛的發泡感，以簡單的鮮奶油突顯和栗的味道。

達克瓦茲蛋糕＋核桃

這是混入榛果粉，具有濃郁堅果風味的達克瓦茲蛋糕。上面放上切粗末的核桃烘烤後，更添美味愉悅的口感。

以核桃口感加深印象
和栗為基材的蒙布朗

材料和作法

蒙布朗

達克瓦茲蛋糕（約20個份）

杏仁粉 …… 150g
榛果粉 …… 75g
蛋白霜
- 蛋白 …… 300g
- 白砂糖 …… 225g

核桃（烤過）…… 適量
糖粉 …… 適量

1. 杏仁粉和榛果粉混合過篩備用。
2. 將蛋白和一部分白砂糖放入攪拌缸中攪打發泡。途中一面分2～3次加入白砂糖，充分攪打成細滑狀態的蛋白霜。
3. 在2中一面加入1，一面手拿刮板混拌。
4. 在裝了12號圓形擠花嘴的擠花袋中裝入3，在鋪入烤焙墊的烤盤上擠成直徑7cm的圓形。從上面放上切粗粒的核桃，整體撒上糖粉。
5. 放入180℃的對流式烤箱中約烤12分鐘，放涼備用。

迪普洛曼鮮奶油（約10個份）

卡士達醬（※）…… 300g
無糖發泡鮮奶油（47%鮮奶油／九分發泡）…… 90g

※卡士達醬（備用量）

鮮奶 …… 1000g
香草棒 …… ½根
20%加糖蛋黃 …… 300g
白砂糖 …… 210g
低筋麵粉 …… 50g
卡士達醬粉 …… 50g
無鹽奶油 …… 30g

1. 在鮮奶中一起放入從香草莢中刮出的香草豆和豆莢，煮沸。
2. 在鋼盆中放入蛋黃和白砂糖，攪打發泡變得泛白，加入已混合過篩的低筋麵粉和卡士達醬粉，慢慢地混合讓它融合。
3. 在2中加入少量的1混合，調整軟硬度。將它倒入鍋裡，再開火加熱，用木匙一面混合，一面煮成1ℓ的量約煮2分鐘。
4. 將3離火，放入方形淺鋼盤中，蓋上保鮮膜，放入冷凍庫急速冷凍後，用網篩過濾。

1. 在卡士達醬中，加入攪打至九分發泡的無糖發泡鮮奶油，用橡皮刮刀如切割般混拌。

海綿蛋糕（60×40cm烤盤1片份）

A
- 蜂蜜 …… 110g
- 水飴 …… 100g

B
- 全蛋 …… 1100g
- 20%加糖蛋黃 …… 200g
- 白砂糖 …… 650g
- 香草糖 …… 50g

C
- 低筋麵粉 …… 700g
- 小麥澱粉 …… 100g

D
- 無鹽奶油 …… 50g
- 沙拉油 …… 50g
- 鮮奶 …… 160g

1. 將A放入鋼盆中，一面隔水加熱，一面混合。
2. 在別的鋼盆中放入B，隔水加熱至人體體溫的程度。
3. 在2中加入1混合，用電動攪拌機以低速將整體攪拌融合。氣泡膨脹後，轉中速再攪打7～8分鐘，讓氣泡安定。
4. 將混合過篩的C，一面慢慢地加入3中，一面用刮板混合。
5. 混合D隔水加熱，加熱至60℃讓奶油融化，加入4中用刮板混合。
6. 在鋪了烤焙墊的烤盤上倒入5，放入160℃的烤箱中烤45分鐘。涼了之後切成3.5cm正方、厚1.5cm的正方形。

蒙布朗鮮奶油（約40個份）

鮮奶 …… 325g
和栗醬（熊本縣產）…… 2000g
栗子醬（沙巴東公司）…… 250g
栗子鮮奶油（沙巴東公司）…… 250g
栗子泥（沙巴東公司）…… 250g

1. 鮮奶一次煮沸後殺菌備用。
2. 全部的材料放入電動攪拌機中，攪拌變細滑後用網篩過濾。

無糖發泡鮮奶油（1個使用50g）

47%鮮奶油 …… 適量

1. 鮮奶油攪打至七～八分發泡。

組合及裝飾

（1個份）
澀皮栗甘煮 …… ½個
糖粉（防潮型）…… 適量

1. 在裝了12號圓形擠花嘴的擠花袋中，裝入迪普洛曼鮮奶油，在達克瓦茲蛋糕上擠上40g，將澀皮栗甘煮放在中央。
2. 從1的上面，擠上50g攪打至七～八分發泡的無糖發泡鮮奶油，放上海綿蛋糕用手輕輕按壓。
3. 使用壓筒，一面左右晃動，一面擠上蒙布朗鮮奶油。將蛋糕轉方向90度同樣地擠上，上面再撒上糖粉。

底部使用達克瓦茲蛋糕以方便叉子插入

2002年，在埼玉縣志木開幕的「ROI LEGUME」，是小寺幹成主廚在自家農場中所開設的法國甜點店。以自家農場栽培的芝麻、草莓、藍莓、南瓜等為首，主廚以平實的價格供應大量使用季節水果等的甜點。透過口耳相傳，獲得許多在地客的青睞。

該店提供的蒙布朗，在以壓筒擠上大量蒙布朗鮮奶油的裡面，由下而上依序疊著達克瓦茲蛋糕、迪普洛曼鮮奶油、澀皮栗甘煮、無糖發泡鮮奶油，以及海綿蛋糕。除了蒙布朗鮮奶油及達克瓦茲蛋糕的配方做過微調外，基本上從開幕至今，該店一直都提供相同風格的蒙布朗，如今它已成為該店的招牌商品。

該店的蒙布朗，放在達克瓦茲蛋糕底座上的粗粒核桃，留給人很深刻的印象。

「比起突顯味道，核桃的作用其實是呈現口感。在堅果類中我之所以選擇核桃，是因為它擁有讓人產生獨特好心情的口感。它是本店蒙布朗的象徵，是非常重要的食材」小寺主廚如此表示。

為了讓核桃成為口感上的重點，在達克瓦茲蛋糕上散放3塊後烘烤。底座主廚採用達克瓦茲蛋糕，是為了方便叉子由上而下插取食用。底部若使用蛋白餅，因為太硬叉子不易刺穿。小寺主廚認為可用叉子插入讓蛋糕成為一體才理想，因此他沒選烤乾的蛋白餅，而是用達克瓦茲蛋糕。

達克瓦茲蛋糕製作時須注意的是，蛋白霜不可過度打發，只要攪打至細滑狀態即可。這也是製作出質地細緻、濕潤、融口性佳的輕軟達克瓦茲蛋糕的重點訣竅。此外，蛋糕配方中不只有杏仁粉，還有榛果粉，讓它散發濃郁的堅果風味也很重要。

混合蛋白霜和粉類時，講究用手來進行作業。

小寺主廚說：「用手工作業麵團的狀態由手來控制，這樣較少失敗」

擠在達克瓦茲蛋糕上只有鮮奶油的話，味道不夠濃郁，所以使用迪普洛曼鮮奶油，目的給人衝擊的口感。經過確實炊煮，以網篩過濾的細滑卡士達醬中，組合了乳脂肪成分47%的高脂鮮奶油攪打至九分發泡的無糖發泡鮮奶油，發泡鮮奶油和卡士達醬和混合時，勿讓氣泡消失，這樣才完成味道濃厚的迪普洛曼鮮奶油。

和栗＋法製栗子醬的配方呈現西洋甜點的風格

迪普洛曼鮮奶油上，放上切半的澀皮栗甘煮，再擠上無糖發泡鮮奶油。無糖發泡鮮奶油的鮮奶油，也是使用乳脂肪成分47%的濃郁鮮奶油。但是，過度攪打發泡會出現乳脂肪獨特的口感，所以攪打至七～八分發泡即可。

上面再放上海綿蛋糕，用手輕輕按壓，修整成梯形。上面放入海綿蛋糕的目的，是為了享用時，和蛋糕整體的大量鮮奶油取得平衡。海綿蛋糕的厚度是切成1.5㎝厚。

擠在周圍的蒙布朗鮮奶油，以熊本產的蒸栗製成的栗子醬作為基材，還使用法國製的栗子醬、栗子鮮奶油和栗子泥。另外，鮮奶煮沸殺菌後加入，以調節硬度和防止乾燥。

「和栗雖然非常美味，但是只用和栗製作蛋糕時，栗子的風味太弱。因為蛋糕不是只呈現栗子的味道，還要有西洋甜點的風格，所以我混入有香草香味的法國製栗子醬」小寺主廚說道。主廚共使用4種栗子食材，來調節蒙布朗鮮奶油的甜味與硬度，讓人吃在口中不覺得黏膩，還能享受到瀰漫在口中栗子本身的綿密口感與風味。

shakers cafe lounge+

甜點主廚　**北村　佑介**

焙茶蒙布朗

520日圓／供應期間　全年

這是味道獨特，給人強烈印象的焙茶香味蒙布朗。為了最大限度活用焙茶中萃取出的香味，採用烤布蕾。香堤鮮奶油中所加的紅豆，也成為恰到好處的重點特色。

澀皮栗甘煮

上面裝飾著¼個份，因為蒙布朗主體很軟，放上½個恐會壓坍，所以只放上這樣的份量。

糖粉

以糖粉來表現山頂的白雪，使用的是裝飾用的防潮型糖粉。

焙茶粉

表面撒上焙茶粉，讓味蕾直接嚐到，能直接傳達焙茶的味道。外觀上感覺也像能從雪間窺見山色一般。

蛋糕捲

蛋糕中不使用奶油而用沙拉油，烤好後口感濕潤、輕盈。能防止鮮奶油的水分滲入蛋白餅中。

蛋白餅

蛋白霜＋
淋面用蜜棗巧克力

蛋白餅外表薄薄地裹上淋面用蜜棗巧克力，裡面還加入杏仁粉。為了稍微增強酥脆口感，配方中還加入少量的低筋麵粉。

山蘿蔔

從白雪下能窺見的山巔綠意所引發的創意，使甜點更添色彩。

栗子鮮奶油

在法國製栗子醬中加入等量鮮奶油的爽盈口感。除了栗子風味外，還能讓人感受高雅的甜味。

焙茶烤布蕾

剛煎焙好的焙茶的香味完整移入烤布蕾中，布蕾具有鮮奶油般的融口性，恰能保形的柔細度。為了和栗子鮮奶油保持平衡，甜味也儘可能地降低。

紅豆香堤鮮奶油

這是混入水煮紅豆的香堤鮮奶油。雖然風味並不濃烈，但能使鮮奶油感變柔和，並更加突顯整體的風味。

焙茶布蕾和加紅豆的香堤鮮奶油
日式素材製作的個性蒙布朗

材料和作法

焙茶蒙布朗

蛋白餅（120個份）

蛋白……500g
白砂糖……450g
玉米粉……75g
低筋麵粉……12g
杏仁粉……100g

1. 將充分冰冷的蛋白和白砂糖攪打至七分發泡，製作蛋白霜。
2. 將玉米粉、低筋麵粉和杏仁粉混合過篩，和**1**混合，如切割般混合。
3. 烤盤上用圓形擠花嘴，將**2**擠成直徑6cm的圓形，烤盤下方再重疊墊一個倒叩的烤盤，放入上火160℃、下火150℃的烤箱中，打開風門烤30分鐘。

蛋糕捲（6取烤盤〔寬38×長53cm×高4.3cm〕4片份）

蛋黃……650g
蜂蜜……70g
蛋白霜
- 蛋白……840g
- 白砂糖……620g
- 海藻糖……100g

低筋麵粉……385g
泡打粉……12g
沙拉油……215g
鮮奶……325g

1. 低筋麵粉和泡打粉混合過篩。
2. 沙拉油和鮮奶混合加熱至70℃以上。
3. 蛋黃和蜂蜜混合，用電動攪拌機打發讓它含有空氣。
4. 混合蛋白、白砂糖和海藻糖，用電動攪拌機攪打至七分發泡。
5. 在**3**中加入**4**的半量蛋白霜，用橡皮刮刀混拌，加入**1**再混合。
6. 加入剩餘的蛋白霜混合，加入**2**混合。
7. 在烤盤上放入**6**刮平，下面重疊墊一個倒叩的烤盤，放入烤箱中，以上火180℃、下火165℃，打開風門烤13分鐘。

焙茶烤布蕾（直徑4cm×高2cm的圓形不沾模型中120個份）

鮮奶……1400g
38%鮮奶油……1400g
蛋黃……600g
白砂糖……150g
焙茶葉（川原製茶）……100g

1. 鮮奶和鮮奶油混合煮沸。
2. 在**1**中加入焙茶葉，用保鮮膜密封燜8分鐘。
3. 將蛋黃和白砂糖混拌。
4. 在**3**中混入**2**，用網篩過濾。
5. 倒入不沾模型中，放入130℃的烤箱烤25分鐘，隔水烘烤。
6. 用急速冷凍機急速冷凍。

紅豆香堤鮮奶油（120個份）

38%鮮奶油……1000g
水煮紅豆（加糖）……1000g

1. 鮮奶油攪打至六分發泡。
2. 加入水煮紅豆，用打蛋器一面稍微壓碎，一面充分攪打發泡至尖端能豎起的程度。

栗子鮮奶油（120個份）

栗子醬（沙巴東公司）……4000g
38%鮮奶油（A）……1200g
38%鮮奶油（B）……2800g

1. 鮮奶油（B）攪打至六分發泡。
2. 栗子醬弄散，慢慢加入鮮奶油（A），混合完成後用網篩過濾。
3. 在**2**中一面慢慢加入**1**，一面混合。

組合及裝飾

淋面用蜜棗巧克力……適量
澀皮栗甘煮……適量
焙茶粉（松鶴園）……適量
山蘿蔔……適量
糖粉（飾用糖粉）……適量

1. 用直徑4cm的圓形切模切取涼了的蛋糕捲。
2. 蛋白餅上儘量薄塗淋面用蜜棗巧克力。
3. 在**2**的淋面用蜜棗巧克力凝固前放上**1**。
4. 在裝了圓形擠花嘴的擠花袋中裝入紅豆香堤鮮奶油，在蛋糕捲的上面，擠上同大小的圓形，放上焙茶烤布蕾，再擠上紅豆香堤鮮奶油約2cm高。
5. 在裝了蒙布朗擠花嘴的擠花袋中裝入栗子鮮奶油，在**4**的周圍無間隙地呈螺旋狀擠上。
6. 整體撒上焙茶粉，放上1/4個澀皮栗甘煮、裝飾上山蘿蔔，整體再撒上糖粉。

烤布蕾加入焙茶風味與栗子香味調和

以前該店推出多種不同風味的蒙布朗，不過北村佑介主廚表示「希望製作自己覺得滿意的蒙布朗」，因此最後只留下這款「焙茶蒙布朗」。主廚最初的想法是希望製作一款獨創風格的個性化蒙布朗，以焙茶淡淡的苦味來搭配栗子風味，讓顧客品嚐栗子的風味外，吃完後口中還能殘留焙茶香的餘韻。

從選擇茶葉開始。主廚雖然希望焙茶有濃郁香味，不過有的茶葉會蓋住栗子的香味，他發現焙茶的風味出乎意料地纖細。經過嚴格的挑選，最後決定使用剛焙好的川原製茶（三重縣）的焙茶。決定使用的焙茶後，接下來的問題是蒙布朗要呈現什麼樣的外觀。蒙布朗一般給人的印象是，整體口感如鮮奶油般，主廚也希望焙茶蒙布朗具有入口即化的口感。因此他在烤布蕾中，選擇用蛋來凝固的方法。通常都是考慮用吉利丁或洋菜來作為凝固劑，不過，吉利丁具有將香味鎖住的持性，而洋菜的融口性又不佳，若希望避開兩者，那就只剩蛋可選擇。蛋的口感佳，香味也不輸栗子，和焙茶又超乎想像地對味。儘管保形性有點差，不過完成後具有主廚看重的綿細度，而且硬度勉強能夠保持外型。

計算各部分的糖量保留適度的甜味

栗子鮮奶油是使用法國製栗子醬，加入鮮奶油變軟後，再混合攪打至六分發泡的鮮奶油。主廚組合栗子鮮奶油和焙茶烤布蕾的目標是，讓顧客先感受到栗子的甜味，之後口中能殘留焙茶香味的餘韻。不過，最初的後味只留下栗子鮮奶油的甜味。雖然主廚加入不亞於鮮奶油甜味的栗子泥，來強調栗子的風味，不過卻無法改善這種情況。主廚思考後，決定提高基本的脂肪成分，讓人吃到最後口中都能殘留後味。當時，栗子鮮奶油的脂肪成分高於烤布蕾。於是，主廚提高烤布蕾配方中鮮奶油的脂肪成分，終於完成最初想呈現的味道。此外，主廚將烤布蕾的糖分減至最低所需量，在後味中除去甜味，只保留焙茶的香味。

底座經過多方嘗試後，最後還是決定使用基本的蛋白餅。但是口感輕盈的蛋白餅讓人略感不足。因此主廚加入低筋麵粉讓它更有口感。低筋麵粉和蛋白的份量比是500g：12g。主廚表示「保有稍微明顯的口感比較好，所以不是11g也不是13克，重點是12g這個精確的份量」。這個麵糊以「叩盤」方式來烘烤。所謂的叩盤指的是倒叩烤盤，將一片空烤盤倒叩，上面疊上盛有麵糊的烤盤，以這種方式來烤火候較溫和。主廚表示「這雖然是舊手法，但我覺得它是烤出均勻蛋白餅的最佳方法」。同時還打開烤箱的風門以利蛋白餅烤得更乾。

為防止蛋白餅受潮，除了裹上淋面用巧克力外，主廚還用瑞士卷用的蛋糕隔開。因為無法避開鮮奶油中的蛋白質和水分離，所以在蛋白餅和鮮奶油之間，一定得加入某種緩衝素材。最好的素材是能有效防止蛋白餅變濕，又不會影響其他元素的味道。「不知道有沒有效，感覺大概可以」，所以主廚選用瑞士卷所用的蛋糕捲。它比海綿蛋糕等的水分量多，但麵粉少，蛋白餅和蛋糕捲兩者都是較無個性的元素。麵糊中的油脂不選用奶油，而是用風味較淡的沙拉油，也是基於相同理由。兩者都是以叩盤方式烘烤。

組裝時，底座的蛋白餅裹上淋面用巧克力，放上蛋糕捲後，如同用紅豆香堤鮮奶油從上、下夾住焙茶烤布蕾般層疊。紅豆的風味並不明顯，不過能防止鮮奶油的奶油感太突出，具有襯托整體風味的調味作用。最後如山型般擠上栗子鮮奶油，再撒上焙茶粉，裝飾上象徵雪的糖粉即完成。北村主廚認為，「如頂端覆著白雪的山型，是蒙布朗蛋糕絕對的造型」。

Varié

不同口味的蒙布朗

matériel
蒙布朗→P70

巴黎淑女
蒙布朗

525日圓
供應期間9月～3月左右

上部的栗子香堤鮮奶油中，使用法國製的栗子醬，而裡面的栗子迪普洛曼鮮奶油中則使用和栗醬。底座的蛋糕和巧克力淋醬中，還加入芳香的核桃，讓人享受多種素材的調和風味。

Chataigne

450日圓／供應期間 秋季

在法國語中，「Chataigne」是「栗子」的意思。這個甜點以栗子山的意象來設計。加入栗子醬的裘康地杏仁蛋糕（biscuit joconde）中，夾入澀皮栗甘煮和奶油醬，頂端裝飾著葉形巧克力裝飾、栗子鮮奶油，以及烤過的乾麵，來搭配栗子風味。從下往上層疊的漸層褐色，意圖表現法國之秋。

Delicius
和栗蒙布朗→P12

pâtisserie LA NOBOUTIQUE
和栗蒙布朗→P126

蒙布朗塔

450日圓
供應期間 秋～春

栗子鮮奶油是在法國製栗子醬中加入奶油，以增加濃厚美味，香堤鮮奶油是分別加入鮮奶油5%量的砂糖和海藻糖，甜度和口感都相當清爽。底座是組合和栗子非常對味的塔。

聖母峰

525日圓
供應期間10月～12月

該店使用1整顆蒸過的日產澀皮栗，來展現和栗風味的魅力。裡面還有裹覆巧克力的杏仁蛋白餅及卡士達醬等。並以咖啡味的馬卡龍作為立體裝飾。

Il Fait Jour
蒙布朗→P38

LE PÂTISSIER Yokoyama
丹澤蒙布朗→P110

蒙布朗

385日圓
供應期間 全年

在加入脫脂奶粉散發奶香風味的蛋白餅上，放上義大利產的蒸栗，再擠上栗子風味的鮮奶油。表面的栗子鮮奶油，是混合丹澤栗子醬和沙巴東公司的栗子醬。

御殿山的蒙布朗

420日圓
供應期間 全年

義大利產栗子醬中，層疊著杏仁蛋糕和香堤鮮奶油，還撒入切粗粒的法國產栗甘煮。這是一款沒有太鮮明個性、味道柔和的蒙布朗。

PÂTISSIER JUN HONMA
蒙布朗→P78

巧克力黑醋栗蒙布朗

450日圓／供應期間 全年

在使用法國產栗子製作，加入蘭姆酒的栗子醬底下，有散放黑醋栗的布列塔尼酥餅的塔及巧克力香堤鮮奶油。法國栗子的濃郁風味與黑醋栗的酸味超級速配。

Les Créations de Pâtissier SHIBUI
和栗蒙布朗→P122

POIRE
蒙布朗→P26

和栗蒙布朗

798日圓
供應期間 秋～冬

使用兵庫縣三田市「湖梅園」產收的珍貴和栗「人丸」作為基本材料。直接擠製，以發揮它被譽為夢幻之栗的美味。下面還層疊加入澀皮栗甘煮的發泡鮮奶油、杏仁鮮奶油和千層起酥皮。整體上刻意減少砂糖的甜味。不只是栗子的品種，農場也有限定，因此每年的供應期都有變化。

Marone

567日圓／供應期間 秋～春

使用以歐洲栗中較小顆，但味道和香味兼優的義大利栗製作，具有高雅甜味的栗子醬。栗子鮮奶油下，層疊栗子慕斯、糖漬栗子和巧克力蛋糕。可可的苦味更加突顯栗子的風味，減少甜味的糖漬栗子是重點特色。

和栗千層派

630日圓／供應期間 10月～3月左右

這是蒙布朗美味以千層派的形式來表現的一道甜點。以熊本縣球磨地區的和栗「丹澤」為基材，在千層派皮、海綿蛋糕和卡士達醬千層派上，還大量夾入加了奶油和白巧克力的鮮奶油，以及加了澀皮栗甘煮的香堤鮮奶油。

LETTRE D'AMOUR Grandmaison 白金
和栗蒙布朗→P86

安納芋蒙布朗

530日圓
供應期間9月～11月左右

這是秋季限定的甜點，在甜味重、味道濃郁的安納芋中，組合了白巧克力為基材的慕斯，以及柳橙風味的柳橙鮮奶油等。外側還以派的碎屑，增添酥鬆的口感。

南瓜塔

530日圓
供應期間10月～11月中旬左右

這個南瓜蒙布朗，配合南瓜的盛產期供應。在加入焦糖風味的南瓜烤布蕾的塔上，擠入鮮奶油和南瓜鮮奶油，再裝飾上酥片和蜜煮南瓜。

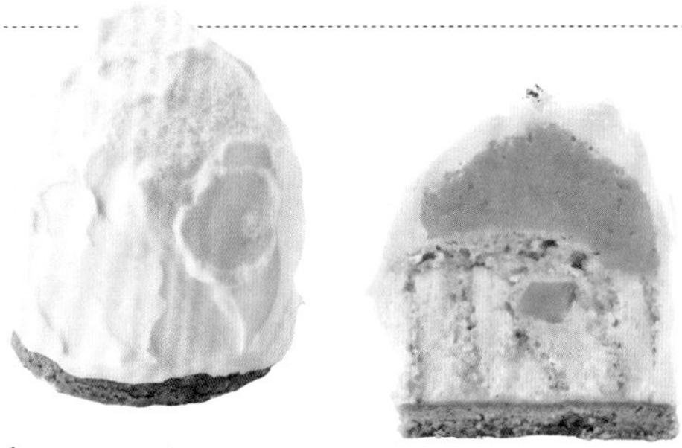

Chamonix

450日圓／供應期間 秋～5月左右

主要是使用和栗製作。在底座沙布蕾塔皮上，放著捲包碎栗糖漿煮的瑞士卷，及細綿的和栗醬。以香堤鮮奶油塗抹整體的造型，充滿個性化。

Ardéchois

450日圓
供應期間 全年

這是使用法國產栗子，組合塔的蒙布朗。塔的裡面擠入以干邑白蘭地增添香味的栗子醬，上面再擠入香堤鮮奶油和蘭姆酒風味的栗子醬，屬於濃郁厚重的成人風味。

Archaïque
蒙布朗→P42

Charles Friedel
Aiguille du Midi→P134

蒙布朗

350日圓／供應期間　不定期

由法式蛋白餅、發泡鮮奶油、香堤鮮奶油和栗子所構成。栗子香堤鮮奶油是栗子醬和栗子鮮奶油混合，再加入大約等量的香堤鮮奶油混合而成。口感細柔，栗子風味圓潤。散發清淡、高雅的蘭姆酒芳香。

PERITEI
蒙布朗→P146

草莓蒙布朗

399日圓／供應期間　全年

這是表現春之山意象的蒙布朗。頂端以香堤鮮奶油象徵融雪。下面有意圖呈現「草莓牛奶」風味的草莓鮮奶凍、草莓慕斯和迪普洛曼鮮奶油，底座是杏仁塔。

南瓜蒙布朗

399日圓／供應期間　秋～春

以慕斯和鮮奶油發揮南瓜樸素的風味。在派和迪普洛曼鮮奶油組成的塔中，再放入南瓜慕斯，表面以南瓜鮮奶油包覆。這個甜點也以「南瓜塔」的名稱推出。

紫芋蒙布朗

399日圓

供應期間　秋～春

使用鹿兒島縣產的紫芋「種子島Gold」。因為只使用這個品種，所以僅在收到契約農家送來紫芋的期間才製作。紫芋鮮奶油下有香堤鮮奶油。裡面還包入切丁的紫芋，讓人充分品味紫芋的美味。底座是派和迪普洛曼鮮奶油組成的塔。

PÂTISSERIE APLANOS
和栗蒙布朗→P98

法國栗蒙布朗

450日圓

供應期間　全年

構成元素有Imbert公司的栗子醬和沙巴東公司的栗子泥混合成的栗子鮮奶油、瑪德蓮蛋糕，以及裝飾在上面的義大利產的糖漬栗子，散發濃厚的風味。

LE JARDIN BLEU
蒙布朗→P138

和栗蒙布朗

420日圓

供應期間　全年

這是傳統蒙布朗的創新版。栗子鮮奶油是以和栗甘煮醬和白豆餡混合而成。構成包括包入中央的澀皮栗甘煮或豆餡、鮮奶油及蛋白餅。

香蕉蒙布朗

399日圓

供應期間　全年

底座和「蒙布朗」相同，是脆餅乾和杏仁鮮奶油組成的塔。裡面填入香煎香蕉和卡士達醬，豎著放入生香蕉，擠上鮮奶油後便能呈現份量感。

Café du Jardin
國王蒙布朗→P130

有機莓蒙布朗

525日圓

供應期間　3月後半～5月中旬

使用千葉的「鎌形先生」農場以甜菊糖農法生產的完熟草莓。加入冷凍草莓乾的蛋白餅上，放有1整顆草莓，外面再擠上以草莓泥製作的草莓鮮奶油。

最大限度發揮 國產栗風味的 絕品蒙布朗

神奈川・Tama Plaza「**Bergue的4月**（Avril de Bergue）」

創業於1988年的著名法式甜點店「Bergue的4月」，直到今天仍擁有眾多的粉絲。店東山本次夫主廚，活用自己曾在海外的修業經驗，以歐洲技法為基礎，不斷持續創作日本人吃起來覺得樸素、美味的甜點。

山本主廚製作的「蒙布朗」，是以杏仁蛋白餅、鮮奶油，和100%日產栗的栗子鮮奶油三個部分組合。因為元素很單純，因此選用的素材對於美味度有很大的影響。

日本人喜好輕盈的口感，為了製作能夠充分品嚐日產栗豐富美味的蒙布朗，山本主廚選用的日產栗子醬，是**Maruya**公司生產的「冷凍栗金團球磨40利平」。山本主廚表示「我充分活用被認為是高級日產栗的熊本縣產利平栗的風味，只有這種栗子味才能做出濃厚風味的栗子醬。從喜愛蒙布朗的顧客那裡，這種栗子醬也受到極熱烈的好評」。對於使用最高級材料的該店來說，優質的**Maruya**栗子產品，是絕不可或缺的材料之一。

蒙布朗　480日圓

該店的蒙布朗，底下墊著噴了白巧克力的杏仁蛋白餅，擠上和乳業公司共同開發的乳脂肪成分35%的輕爽鮮奶油攪打成的鮮奶油。周圍擠上大量以**Maruya**「冷凍栗金團球磨40利平」和鮮奶油、蘭姆酒混合成的栗子鮮奶油，最後撒上糖粉即完成。主廚降低蒙布朗整體的甜味，使細綿、樸素的日產栗子風味更加突顯。

Maruya公司的「冷凍栗金團球磨40利平」
※山本主廚的特別訂購品

該店位於能瞭望美之丘公園的悠閒、寧靜地區。去年，「Gâteau à la Broche」在隔壁新開幕，主要販售法國西南部傳統甜點。

「我逐年挑選優良的栗子產品」山本次夫主廚表示。據說他使用品質優良、種類又豐富的**Maruya**栗子產品已有15年以上的時間。

Bergue的4月

地址	神奈川縣橫濱市青葉區美しが丘2-19-5
電話	045-901-1145
營業時間	9時30分～19時
例休日	週一（遇國定假日改下週二）
URL	http://bergue.main.jp

■洽詢處／（株）**Maruya**　088-622-4550　http://www.my-maruya.jp

製作蒙布朗的　栗子產品指南

以下將介紹製作蒙布朗不可或缺的栗子產品。除了簡單說明產品的特色外，也會介紹原材料、糖度等，以供參考。洽詢處的詳細資料參見第169頁。

栗子醬◆洋栗、其他

Facor | 栗子醬

使用歐洲產的小顆栗子，加上馬達加斯加島產的天然香草。散發栗子原有的風味，甜味適中。
〔栗原產地：義大利／加工地：法國〕

原材料　栗子、砂糖、葡萄糖漿、香草
糖度　Brix 60
容量和單位　1kg
洽詢處　Arcane股份有限公司

Le Clos du Marron | 栗子醬

只用栗子和砂糖製作的簡單栗子醬。栗子的比例多，且減少糖分，因此能嚐到栗子的原有風味。柔軟、好處理，烘烤類甜點、鮮奶油等各種產品中都適用。
〔栗原產地：義大利／加工地：法國〕

原材料　栗子68%、砂糖32%
糖度　Brix 49±2.0
容量和單位　900g×12／箱
洽詢處　大和貿易股份有限公司

Minervei | 烤栗栗子醬

義大利自家公司農場收成的栗子，以烤箱烘烤後，去除硬外皮。將栗仁過濾，不經加熱直接和其他原料混合裝罐，以密封加熱方式將栗子的風味鎖入罐中。
〔栗原產地：義大利／加工地：法國〕

原材料　栗子、砂糖，葡萄糖漿，香草香料
糖度　Brix 62±3
容量和單位　1kg×12
洽詢處
Iwase Eesta股份有限公司大阪本社
Iwase Eesta股份有限公司東京本社

Minervei | 栗子醬　supreme

栗子連硬外皮放入烤箱烘烤，去皮，將栗仁過濾後，不經加熱直接和砂糖混合裝罐，以密封加熱方式將栗子的風味鎖入罐中。增加栗子的含量，且原料只有栗子和砂糖。以講究的低溫加熱法製成的產品。〔栗原產地：義大利／加工地：法國〕

原材料　栗子、砂糖
糖度　Brix 56±3
容量和單位　900g×12
洽詢處
Iwase Eesta股份有限公司大阪本社
Iwase Eesta股份有限公司東京本社

沙巴東（Sabaton）| 栗子醬

栗子中加入糖漬栗子、香草香料和砂糖等，加工成泥狀。最適合用於蒙布朗鮮奶油中。
〔栗子原產地：法國、西班牙等（※）／加工地：法國〕

原材料　栗子、砂糖、葡萄糖漿（含源自小麥的成分）、香草香料
糖度　Brix 60（※）
※依不同的收穫狀況而有變動
容量和單位　5kg×4／箱、1kg×12／箱、240g×48／箱
洽詢處　日法商事股份有限公司

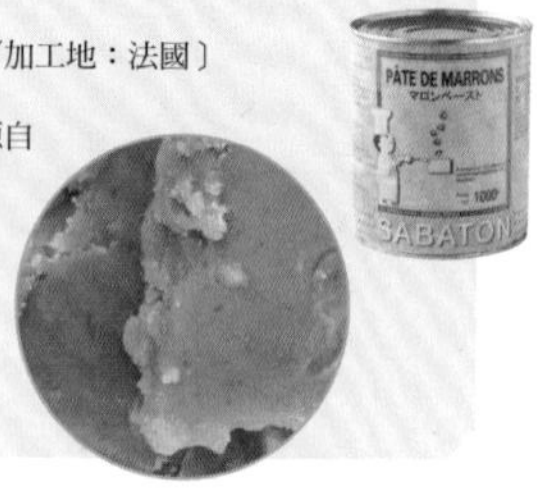

沙巴東 | AOC　Chataigni d' ardechi pate

法國阿爾代什（Ardèche）省產，活用栗子（chataigni）原有的特色，不加入香草，減少甜味蒸煮而成。最適合用於和發泡鮮奶油組合的慕斯或蒙布朗中。
〔栗原產地：法國、阿爾代什省／加工地：法國〕

原材料　栗子、砂糖、葡萄糖漿（含源自小麥的成分）
糖度　Brix 57（依不同的收穫狀況而有變動）
容量和單位　1kg×12／箱
洽詢處　日法商事股份有限公司

AOC產品是產地限定商品，所以根據不同的收穫狀況，有時可能無法生產。

Imbert | 栗子醬

栗子醬是嚴選味道最佳的歐洲栗，加入馬達加斯加島產的天然香草，保留栗子美味特色的絕妙風味。
〔栗原產地：義大利、法國、葡萄牙／加工地：法國〕

原材料　栗子62%、砂糖38%、香草
糖度　Brix 55±2
容量和單位　1kg×12／箱
洽詢處
Imbert Japan股份有限公司

Marron Royal | 栗子醬

在Marron Royal公司內部嚴格的基準下，使用嚴選自義大利的栗子製作的栗子醬。採用糖漬栗子的作法，減少糖分，提高栗子的濃度。是栗子豐富風味和香草適度香味保持均衡的絕妙栗子醬。
〔栗原產地：義大利／加工地：法國〕

原材料　栗子、砂糖、葡萄糖漿（源自小麥）、香料（香草）
糖度　60度
容量和單位　1kg×12、2.5kg×8
洽詢處　Sun Eight貿易股份有限公司

Gaetano栗子醬

以「Gaetano栗子」（第167頁）製成糖度50的綿細狀態。〔栗原產地：義大利／加工地：德島縣〕

原材料　栗子、砂糖
糖度　50度
容量和單位　1kg×10
洽詢處　Maruya股份有限公司

Tottemo栗子醬

以「Tottemo栗子」（167頁）製成的栗子醬。使用的原材料只有栗子和砂糖。最適合用於黃色的蒙布朗中。
〔栗原產地：韓國／加工地：德島縣〕

原材料　栗子、砂糖
糖度　50度
容量和單位　1kg×10
洽詢處　Maruya股份有限公司

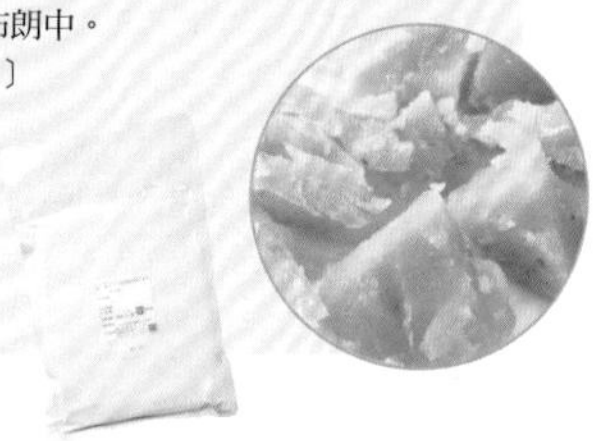

澀皮栗子醬2kg

韓國產澀皮栗甘露煮製成泥狀。常溫型。
〔栗原產地：韓國／加工地：宮崎縣〕

原材料　栗子、砂糖
糖度　Brix 50（基準值）
容量和單位　2kg×8／箱
洽詢處　Nakari股份有限公司

栗子醬（Marron du Patissier）50

只用蒸栗和砂糖製作的天然栗子醬。不加香草或香料等，活用栗子的風味。綿細、好處理，作業性佳。

原材料　栗子、白砂糖
糖度　50度
容量和單位　1kg×10／箱
洽詢處　上野忠股份有限公司

Agrimontana | 栗子醬

使用義大利、法國產的「栗子（Marrone）」製作。以糖漿醃漬後的高品質栗子，加工製成泥狀。適合用於蒙布朗鮮奶油、烘烤類甜點中。
〔栗原產地：義大利、法國／加工地：義大利・皮耶蒙提（Piemonte）〕

原材料　栗子、砂糖、蔗糖、葡萄糖漿、天然香草精
糖度　Brix 66±3
容量和單位　1kg×6
洽詢處　Roots貿易股份有限公司

Jose Posada | 栗子醬（1kg）

在西班牙加利西亞（Galicia）產的Sativa種栗子中，加入香草和砂糖加工成泥狀。這個栗子醬的糖度是較低的55度，充分保留了來自於西班牙富饒土地恩賜的濃郁栗子味。
〔栗原產地：西班牙・加利西亞地區／加工地：西班牙・加利西亞地區〕

原材料　栗子、砂糖、水、香草
糖度　55度
容量和單位　1kg
洽詢處　Il Pleut Sur La Seine股份有限公司企畫輸入販售部

SE Original栗子醬 Premium

使用孕育於肥沃的智利大地，西班牙原種的「Castanea Sativa種」的良質栗子製作。特色是果肉呈褐色，具有栗子原有的風味和淡淡的甜味。裡面完全不用任何食品添加物，味道豐富，風味猶如日本人熟悉的「燒栗」。
〔栗原產地：智利／加工地：智利〕

原材料　栗子、砂糖
糖度　60度±2
容量和單位　1kg×12
洽詢處　Sun Eight貿易股份有限公司

栗子醬◆和栗

冷凍栗金團

嚴選產地和品種的生栗，以高壓蒸氣蒸熟，果肉用2㎜網目的網篩過濾製成。栗子保留細顆粒。收到訂單才生產。〔栗原產地：熊本縣（球磨50利平／球磨50丹澤）、鹿兒島縣（霧島50）、宮崎縣（日之影50）、大分縣（山香50）、島根縣（津和野50）、山口縣（阿武50）、大阪府（能勢50）、愛媛縣（愛媛50）、德島縣（阿南50）／加工地：德島縣〕

原材料　栗子、砂糖
糖度　50度
容量和單位　1kg×10×2
洽詢處　Maruya股份有限公司

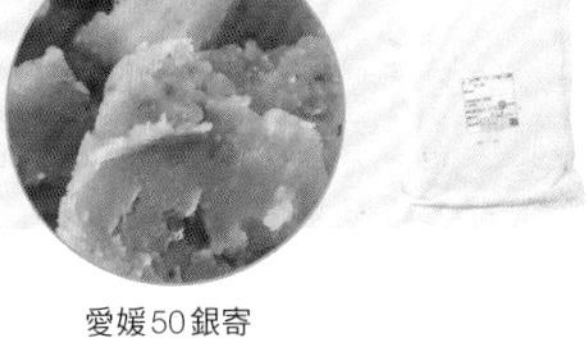
愛媛50銀寄

和栗醬1㎜

原料是使用愛媛縣西予市當地所生產的「奧伊予特選栗」。連皮直接慢慢蒸熟，取出果肉不加熱，混合砂糖製作。包裝後，再加熱殺菌處理。〔栗原產地：愛媛縣・西予市／加工地：愛媛縣・西予市〕

原材料　栗子、砂糖
糖度　45度±2
容量和單位　2kg×5
洽詢處
城川開發公社股份有限公司 城川自然農場

日產栗子醬上 2kg

常溫流通、可保存的栗子醬。〔栗原產地：熊本縣、宮崎縣／加工地：宮崎縣〕

原材料　栗子、砂糖
糖度　Brix 47（基準值）
容量和單位　2kg×8／箱
洽詢處　Nakari股份有限公司

茨城栗子醬

直接呈現栗子風味的栗子醬。適合用於重視風味的餡料中，只使用早生栗製作，以能表現最佳甜味的加熱方式製作。
〔栗原產地：茨城縣／加工地：茨城縣〕

原材料　栗子80.0%、砂糖20.0%
糖度　Brix 40
容量和單位　500g、1kg
洽詢處　小田喜商店股份有限公司

日產冷凍澀皮栗子醬 2kg

日產澀皮栗甘露煮製成泥狀。冷凍型。〔栗原產地：熊本縣、宮崎縣／加工地：宮崎縣〕

原材料　栗子、砂糖
糖度　Brix 42
容量和單位　2kg×8／箱
洽詢處　Nakari股份有限公司

衣栗子醬

使用栗澀皮煮「衣栗」，是味道濃厚的栗子醬。糖度約50度。比「茨城栗子醬」甜。〔栗原產地：茨城縣／加工地：茨城縣〕

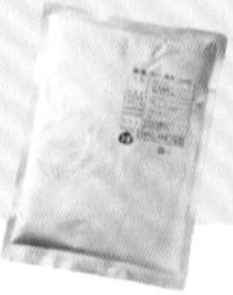

原材料　栗子48.0%、砂糖52.0%
糖度　Brix 52
容量和單位　1kg
洽詢處　小田喜商店股份有限公司

球磨栗子醬

剛收成的栗子，趁新鮮在產地的工廠加工製作。栗仁以網篩過濾後加糖，產品口感綿細。〔栗原產地：熊本縣・球磨郡／加工地：熊本縣・球磨郡〕

原材料　栗子、砂糖
糖度　Brix 46
容量和單位　4kg（2kg×2）、10kg（2kg×5）
洽詢處　Kumarei股份有限公司　球磨栗本鋪

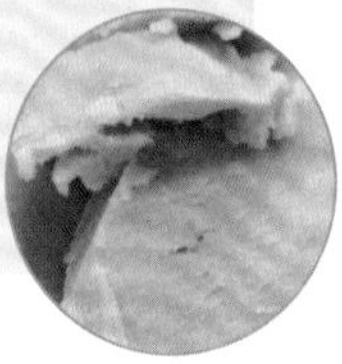

冷凍丹波栗子醬 2kg

只使用產量少、珍貴的丹波栗（京都府產）和砂糖，製成泥狀。〔栗原產地：京都府・丹波地區／加工地：宮崎縣〕

原材料　栗子、砂糖
糖度　Brix 39（基準值）
容量和單位　2kg×8／箱
洽詢處　Nakari股份有限公司

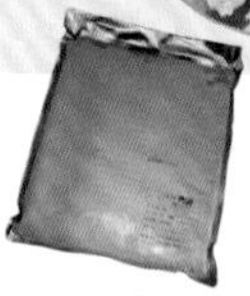

日產冷凍栗子醬 2kg

只使用日產的生栗和砂糖。在宮崎的工廠生產，保有栗子的風味。基準的糖度也是較低的Brix 39，最適合製作蒙布朗等甜點。〔栗原產地：熊本縣、宮崎縣／加工地：宮崎縣〕

原材料　栗子、砂糖
糖度　Brix 39（基準值）
容量和單位　2kg×8／箱
洽詢處　Nakari股份有限公司

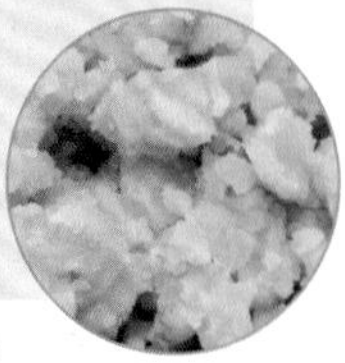

栗子鮮奶油

Imbert | 栗子鮮奶油

特色是質感滑順、柔細。嚴選馬達加斯加島產的天然香草，加入適中份量以提引風味，呈深褐色。〔栗原產地：義大利、法國、葡萄牙／加工地：法國〕

原材料　栗子50%、砂糖50%、香草
糖度　Brix 62±2
容量和單位　1kg×12／箱
洽詢處
Imbert・Japan股份有限公司

Marron Royal | 栗子鮮奶油

使用義大利產的糖漬栗子用最高品質的栗子。以網篩過濾成泥狀，加入砂糖葡萄糖漿，和馬達加斯加島產的香草，再加工為乳脂狀。是具有香草高雅芳香和豐厚風味的鮮奶油。〔栗原產地：義大利／加工地：法國〕

原材料　栗子、砂糖、葡萄糖漿（源自小麥）、香料（香草棒）
糖度　60度　容量和單位　1kg×12
洽詢處　Sun Eight貿易股份有限公司

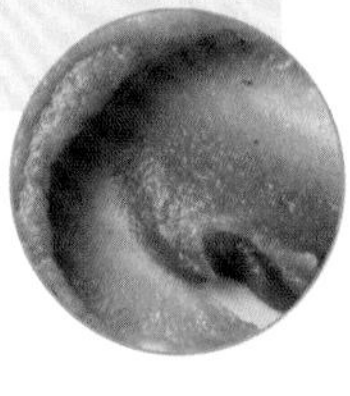

Confiserie Azuréenne | Collobrières　栗子鮮奶油

只使用收成期以舉辦「栗子祭」而聞名的「Collobrières村」的高品質栗子，所製作的風味濃厚的鮮奶油。加入馬達加斯加島產的香草棒，增添適度的香草香，是具有豐盈風味的優質鮮奶油。〔栗原產地：法國／加工地：法國〕

原材料　栗子、砂糖、葡萄糖漿（源自小麥）、香料（香草棒）
糖度　60度　容量和單位　1kg×12
洽詢處　Sun Eight貿易股份有限公司

沙巴東｜AOC 栗子鮮奶油（Châtaigne d'Ardèche Crème）

為了活用阿爾代什產栗子原來的特色，不加入香草來炊煮，成品比栗子醬和栗子泥的流動性高，質地更細滑。〔栗原產地：法國・阿爾代什／加工地：法國〕

原材料　栗子、砂糖、水
糖度　Brix 57
（依不同的收穫狀況而有變動）
容量和單位 1 kg × 12／箱
洽詢處　日法商事股份有限公司

AOC製品是限定產地的產品，
因此根據不同的收穫狀況，有時可能無法生產。

Minervei｜栗子鮮奶油 Super smooth

栗子連硬皮放入烤箱烘烤去殼後，果仁以0.2㎜的細微網目的網篩過濾。突顯非常綿密的口感，請與栗子醬一起使用。〔栗原產地：義大利／加工地：法國〕

原材料　栗子、砂糖、葡萄糖果糖液糖、葡萄糖
糖度　Brix 62 ± 2
容量和單位　1 kg × 12
洽詢處　Iwase Eesta股份有限公司大阪本社／Iwase Eesta股份有限公司東京本社

Agrimontanai｜栗子鮮奶油

這是在義大利產栗子「Maroni」中加入砂糖，經加熱烹調、精製成的產品。建議可用來增加鮮奶油的風味。
〔栗原產地：義大利／加工地：義大利・皮耶蒙提省〕

原材料　栗子、蔗糖、天然香草香料
糖度　Brix 70 ± 3
容量和單位　1 kg × 6
洽詢處　Roots貿易股份有限公司

Clement Faugier｜栗子鮮奶油

該公司的栗子鮮奶油，自1885年誕生至今堅持不變的風味，深受各世代人的喜愛。只使用天然素材，還加入碎粒糖漬栗子，使栗子風味更加突顯。
〔栗原產地：歐洲（法國、西班牙、義大利、葡萄牙等）／加工地：法國・阿爾代什省的普里瓦（Privas）〕

原材料　栗子、砂糖，葡萄糖漿（源自小麥）、香草香料
糖度　Brix 63.6
容量和單位　250g
洽詢處　日法貿易股份有限公司

SE Original 栗子鮮奶油

只使用西班牙原種的「Castanea Sativa種」和砂糖，以講究的製法精心完成，是風味高雅、味道豐厚濃郁的鮮奶油。活用自然栗子的風味，所以很容易和其他材料組合搭配，適合用在各種用途上。〔栗原產地：智利／加工地：智利〕

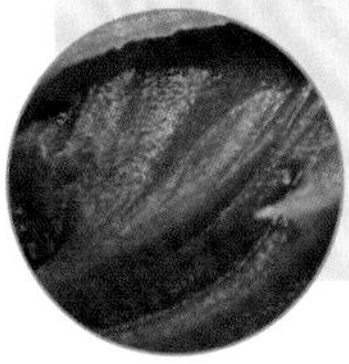

原材料　砂糖、栗子
糖度　60度 ± 2
容量和單位 1 kg × 12
洽詢處　Sun Eight貿易股份有限公司

沙巴東｜栗子鮮奶油

在栗子中加入砂糖、香草香料等，再加工成綿細的乳脂狀。
〔栗原產地：法國、西班牙等（※）／加工地：法國〕

原材料　栗子、砂糖、葡萄糖漿（含源自小麥的成分）、香草香料
糖度　Brix 60（※）
※依不同的收穫狀況而有變動
容量和單位　5 kg × 4／箱、1 kg × 12／箱、250g × 48／箱
洽詢處
日法商事股份有限公司

Bonne Maman｜栗子鮮奶油

在栗子中加入砂糖的鮮奶油，也作為甜點的材料。
〔栗原產地：西班牙、法國、義大利、葡萄牙／加工地：法國〕

原材料　砂糖、栗子、香草、水
糖度　Brix 57-63
容量和單位　225g、370g
洽詢處　Arcane股份有限公司

栗子泥

沙巴東｜AOC栗子泥（Châtaigned' Ardèche Puree）

產品以蒸過的阿爾代什產的栗子加工成泥狀，栗子原有的美味非常突出。也用於料理中。
〔栗原產地：法國・阿爾代什／加工地：法國〕

原材料　栗子、水
糖度　Brix 10.5（依不同的收穫狀況而有變動）
容量和單位　870g × 12／箱
洽詢處　日法商事股份有限公司

AOC製品是限定產地的產品，因此根據不同的收穫狀況，有時可能無法生產。

沙巴東｜栗子泥

蒸栗直接壓碎製成泥狀。
〔栗原產地：法國、西班牙等（※）／加工地：法國〕

原材料　栗子、水
糖度　Brix 10.5（※）
※依不同的收穫狀況而有變動
容量和單位　870g× 12／箱、435g× 12／箱
洽詢處　日法商事股份有限公司

Marron Royal | 栗子泥

使用義大利產的嚴選高品質栗子。不使用砂糖，活用栗子原有風味和甜味製成栗子泥，適合用來增加蒙布朗鮮奶油的風味。〔栗原產地：義大利／加工地：法國〕

原材料　栗子、水
糖度　10.5度
容量和單位　870g×12
洽詢處　Sun Eight貿易股份有限公司

Imbert | 栗子泥

以特殊的製法加工，以徹底去除栗子所含的苦味成分丹寧。為了能直接運用歐洲栗子的纖細風味，不使用原味砂糖。〔栗原產地：義大利、法國、葡萄牙／加工地：法國〕

原材料　栗100%
糖度　Brix 10±3
容量和單位　875g×12／箱
洽詢處
Imbert Japan股份有限公司

甘煮・糖漿醃漬・糖漬栗子◆洋栗、其他

Facor | 糖漬栗子 Napoli

使用獲得IGP（保護指定地區標示）認證的優良農產物的歐洲栗子製作。
〔栗原產地：義大利／加工地：法國〕

原材料　栗子、砂糖，
葡萄糖漿、香草
糖度　Brix 72
容量和單位　3kg（約80顆）
洽詢處　Arcane股份有限公司

Agrimontana | 小栗子（糖漬）

90～110個／kg的包裝。小尺寸的「栗子（Maroni）」。風味豐富、口感圓潤。堅持以100%天然材料生產，糖漿用水是以淨水器過濾淨化過的礦泉水。
〔加工地：義大利・皮耶蒙提省〕

原材料　栗子、葡萄糖漿、砂糖、天然香草精
糖度　72±3
容量和單位　1.1kg（淨重量0.6kg）×6
洽詢處　Roots貿易股份有限公司

Facor | 糖漬栗子 裝飾（整顆）

使用以優良品質聞名於世的歐洲產栗子製作。
〔栗原產地：義大利／加工地：法國〕

原材料　栗子、砂糖、葡萄糖漿、香草
糖度　Brix72
容量和單位　3kg（約140顆）
洽詢處
Arcane股份有限公司

Agrimontanai | 碎栗（糖漿醃漬）

使用專利去皮技術，將生長於高海拔地區的高品質「栗子（Maroni）」加工為成品。栗子進行糖漿醃漬的作業後，先選出外型不佳的栗子，製成碎栗。能活用於蒙布朗等甜點中，用途相當廣泛。〔栗原產地：義大利／加工地：義大利・皮耶蒙提省〕

原材料　栗子、葡萄糖漿、砂糖、
天然香草精
糖度　72±3
容量和單位　1.1kg（淨重量0.6kg）×6
洽詢處　Roots貿易股份有限公司

Facor | 糖漬栗子 碎栗

歐洲產栗子中，挑出破碎的以糖漿醃漬製作。〔栗原產地：義大利／加工地：法國〕

原材料　栗子、砂糖、葡萄糖漿、香草
糖度　Brix 72
容量和單位　3kg
洽詢處　Arcane股份有限公司

Jose Posada | 糖漬栗子（1kg）

使用西班牙加利西亞產Sativa種的栗子。果肉呈自然、明亮的顏色。1罐約有70顆左右。〔栗原產地：西班牙・加利西亞地區／加工地：西班牙・加利西亞地區〕

原材料　栗子、砂糖、水、香草
糖度　45度
容量和單位　1kg（淨重量650g）
洽詢處　Il Pleut Sur La Seine股份有限公司企畫 輸入販售部

Marron Royal | 裝飾栗子

嚴選義大利產的小顆、優質栗子使用。為避免損傷，每2個裝入網袋中，仔細進行糖漬作業，是最適合作為裝飾用的糖漬栗子。每顆約8～10g。
〔栗原產地：義大利／加工地：法國〕

原材料　栗子、砂糖、葡萄糖漿（源自小麥）、香料（香草莢）
糖度　72度
容量和單位　3kg（固形量1.65kg）×8
洽詢處　Sun Eight貿易股份有限公司

Le Roi | 甜點栗子

使用西班牙產的嚴選栗子。以低糖度的糖漿醃漬，因甜味降低，是能享受到栗子原有風味的整顆栗子。不會影響其他素材的味道，具有淺栗色的美麗外觀，最適合作為裝飾用。
〔栗原產地：西班牙／加工地：西班牙〕

原材料　栗子、砂糖、水、葡萄糖液糖
糖度　45度
容量和單位　1kg（固形量650g）×12
洽詢處　Sun Eight貿易股份有限公司

Tottemo栗子

去殼栗仁製成栗子甘露煮，無任何添加物，也不使用著色劑。和鮮奶油是絕妙的組合。
〔栗原產地：韓國／加工地：德島縣〕

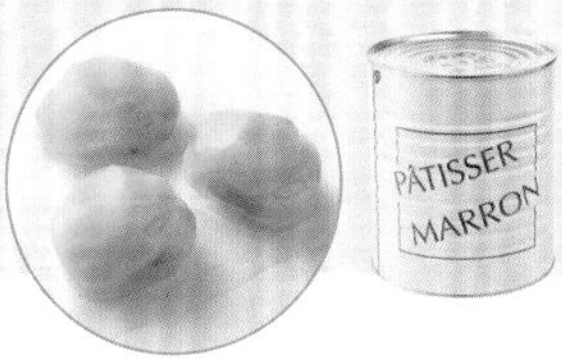

原材料　栗子、砂糖
糖度　45度
容量和單位　1號罐×6
洽詢處
Maruya股份有限公司

Gaetano 栗子

義大利托斯卡尼省、拉齊歐省（Lazio）收成最高級品種的「栗子（Maroni）」，經蒸熟後，製成口感細綿的栗子甘露煮。
〔栗原產地：義大利／加工地：德島縣〕

原材料　栗子、砂糖
糖度　45度
容量和單位　500g×12
洽詢處　Maruya股份有限公司

SE Original澀皮栗整顆（甘露煮）

使用西班牙原種的「Castanea Sativa種」栗子製作。特色是水分少，果肉呈褐色，有淡淡的甜味。因為果實附有澀皮，質地堅實，烘烤後也能保持外型，也適合作為裝飾用。〔栗原產地：智利／加工地：智利〕

原材料　栗子、砂糖、水
糖度　50度±2
容量和單位　3.5kg
（固形量1.9kg）×6
洽詢處　Sun Eight貿易股份有限公司

栗甘露煮 極軟9ℓ罐・1號罐

以獨門作法，將韓國產的去殼栗仁製成柔軟、風味豐盈的栗甘露煮。能廣泛地用在西洋甜點或和菓子中。
〔栗原產地：韓國／加工地：宮崎縣〕

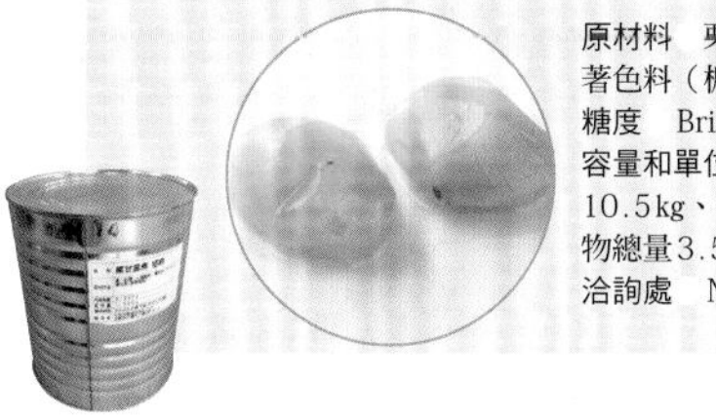

原材料　栗子、砂糖、pH調整劑、著色料（梔子）、漂白劑（亞硫酸鹽）
糖度　Brix 50
容量和單位　9ℓ罐（內容物總量10.5kg、固形量6kg）、1號罐（內容物總量3.5kg、固形量1.9kg）
洽詢處　Nakari股份有限公司

澀皮栗甘露煮9ℓ罐・1號罐

以獨門作法，將韓國產的澀皮栗製成柔軟、風味豐盈的澀皮栗甘露煮。能廣泛用在西洋甜點或和菓子中。
〔栗原產地：韓國／加工地：宮崎縣〕

原材料　栗子、砂糖、pH調整劑
糖度　Brix 50
容量和單位　9ℓ罐
（內容物總量10.5kg、固形量6kg）、
1號罐（內容物總量3.5kg、
固形量1.9kg）
洽詢處　Nakari股份有限公司

Marron Royal｜糖漬碎栗

使用義大利產栗子，挑選糖漬栗子製造過程中外觀已破損的。具有栗子原有的香味與甜味，最適合製作烘烤類甜點和蒙布朗的鮮奶油等。〔栗原產地：義大利／加工地：法國〕

原材料　栗子、砂糖、葡萄糖漿（源自小麥）、香料（香草莢）
糖度　72度
容量和單位　3kg
（固形量1.65kg）×8
洽詢處　Sun Eight貿易股份有限公司

Marron Royal｜冷凍 糖漬碎栗

使用義大利產栗子。糖漬栗子在未裹糖漿的狀態下，收集外觀已經破損的製作。具有栗子原有的香味和甜味，最適合製作烘烤類甜點和蒙布朗的鮮奶油等。
〔栗原產地：義大利／加工地：法國〕

原材料　栗子、砂糖、葡萄糖漿（源自小麥），香料（香草莢）
糖度　73度
容量和單位　2.5kg×5
洽詢處　Sun Eight貿易股份有限公司

沙巴東｜糖漬碎栗

以香濃的糖漿醃漬的碎栗型產品。除了蒙布朗外，也活用在慕斯、麵團等中，用途相當廣泛。
〔栗原產地：義大利（※）／加工地：法國〕

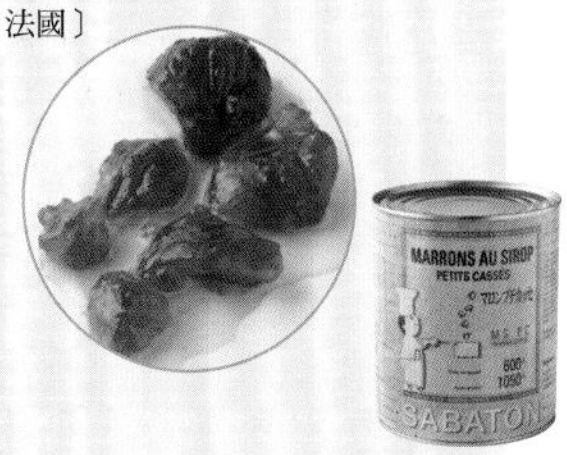

原材料　栗子、砂糖、
葡萄糖漿（含源自小麥的成分）、
香草香料
糖度　Brix 72（※）
※依不同的收穫狀況而有變動
容量和單位　1050g
（固形量600g）×12／箱
洽詢處　日法商事股份有限公司

沙巴東｜糖漬小栗

使用小顆栗子以糖漿醃漬，以作為糖漬栗子用的產品。〔栗原產地：義大利（※）／加工地：法國〕

原材料　栗子、砂糖、葡萄糖漿（含源自小麥的成分）、香草香料
糖度　Brix72（※）
※依不同的收穫狀況而有變動
容量和單位　4kg（固形量2.3kg）×4／箱
洽詢處　日法商事股份有限公司

沙巴東｜糖漬栗子

使用大顆栗子以糖漿醃漬，以作為糖漬栗子用的產品。
〔栗原產地：義大利（※）／加工地：法國〕

原材料　栗子、砂糖、葡萄糖漿（含源自小麥的成分）、香草香料
糖度　Brix 72（※）
※依不同的收穫狀況而有變動
容量和單位　4kg（固形量2.3kg）×4／箱
洽詢處　日法商事股份有限公司

甘煮・糖漿醃漬・糖漬栗子◆和栗

丹波栗甘露煮9ℓ罐・1號罐

以稀少的京都府產的丹波栗，只用砂糖煮製成栗子甘露煮，是極講究的高級精品。
〔栗原產地：京都府・丹波地方／加工地：宮崎縣〕

原材料　栗子、砂糖　糖度　Brix 50
容量和單位　9ℓ罐（內容物總量10.5kg、固形量6kg）、1號罐（內容物總量3.5kg、固形量1.9kg）
洽詢處　Nakari股份有限公司

和栗粗剝甘露煮

原料是愛媛縣西予市當地生產的「奧伊予特選栗」，使用L的大小製作。以機械去皮，因此稍微殘留一些澀皮。以無漂白、無添加的方式加工製成。〔栗原產地：愛媛縣・西予市／加工地：愛媛縣・西予市〕

原材料　栗子、砂糖
糖度　55度±2
容量和單位　2kg（固形量1kg）×6
洽詢處　城川開發公社股份有限公司
城川自然農場

日產栗甘露煮9ℓ罐・1號罐

自產地蒐集鮮度高的生栗，全部以費工昂貴的日式作法製作的栗甘露煮。
〔栗原產地：熊本縣、宮崎縣／加工地：宮崎縣〕

原材料　栗子、砂糖　糖度　Brix50
容量和單位　9ℓ罐（內容物總量10.5kg、固形量6kg）、1號罐（內容物總量3.5kg、固形量1.9kg）
洽詢處　Nakari股份有限公司

栗甘露煮

新鮮度最為重要的栗子，在當地收成、在當地加工，堪稱真正日產茨城的栗子甘露煮。甘露煮儘管作法一樣，但製作者不同，味道也有異，本產品全以社長精心調配的糖蜜來煮製，呈現高雅的栗子風味。〔栗原產地：茨城縣／加工地：茨城縣〕

原材料　栗子、砂糖液、梔子黃色素
糖度　Brix 52±2
容量和單位　560g（固形量280g）
洽詢處　小田喜商店股份有限公司

丹波澀皮栗甘露煮9ℓ罐・1號罐

使用稀少的京都府產的丹波栗製成的澀皮栗甘露煮，是講究的高級產品。
〔栗原產地：京都府・丹波地區／加工地：宮崎縣〕

原材料　栗子、砂糖、pH調整劑
糖度　Brix 50
容量和單位　9ℓ罐（內容物總量10.5kg、固形量6kg）、1號罐（內容物總量3.5kg、固形量1.9kg）
洽詢處　Nakari股份有限公司

衣栗（栗澀皮煮）固形量280g入

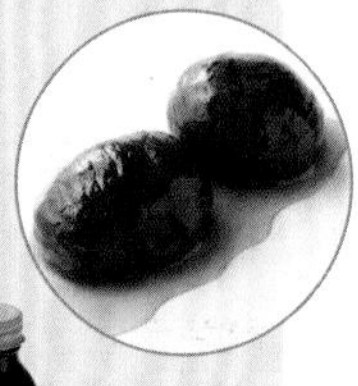

澀皮煮適合使用味道濃厚的栗子，經數月低溫熟成至年末的栗子，已充分分解蛋白質，再進行加工。此外，為了呈現栗子原有的風味，以特別的作法製作，不添加小蘇打，具有非常豐富的栗子風味，口感上澀皮毫無違和感。
〔栗原產地：茨城縣／加工地：茨城縣〕

原材料　栗子、砂糖液　糖度　Brix 52
容量和單位　560g（固形量280g）
洽詢處　小田喜商店股份有限公司

日產澀皮栗甘露煮9ℓ罐・1號罐

自產地蒐集鮮度高的生栗，全部以費工昂貴的日式作法製作的澀皮栗甘露煮。
〔栗原產地：熊本縣、宮崎縣／加工地：宮崎縣〕

原材料　栗子、砂糖、pH調整劑
糖度　Brix50
容量和單位　9ℓ罐（內容物總量10.5kg、固形量6kg）、1號罐（內容物總量3.5kg，固形量1.9kg）
洽詢處　Nakari股份有限公司

Hokuhoku栗津和野50

島根縣的津和野地區收成的栗子，以機械去鬼皮後，稍微殘留澀皮的狀態下，製成口感細綿、糖度50的栗子甘露煮。
〔栗原產地：島根縣・津和野地區／加工地：德島縣〕

原材料　栗子、砂糖　糖度　50度
容量和單位　500g×10×2
洽詢處　Maruya股份有限公司

其他栗子產品

Concept Fruits | 天然栗　袋裝

比日本栗小顆的義大利產栗子，以手工採收，採真空包裝，以免風味散失。已剝除澀皮，經過加熱殺菌，無任何調味。〔栗原產地：EU／加工地：法國〕

原材料　栗子　糖度　—
容量和單位　400g（200g×2）
洽詢處　Arcane股份有限公司

沙巴東 | 蒸栗　整顆

去皮蒸栗。不加任何糖分，具有栗子原有的美味與口感的產品。最適合用於料理中。〔栗原產地：義大利、葡萄牙（※）／加工地：法國〕
※依不同的收穫狀況而有變動

原材料　栗　糖度　—
容量和單位　430g×6／箱
洽詢處　日法商事股份有限公司

蒙布朗使用的栗子產品指南

洽詢處一覽

Arcane股份有限公司

地址 東京都中央區日本橋 蠣殼町1-5-6盛田ビルディング
電話 0120-852-920
URL http://www.arcane-jp.com

Imbert Japan股份有限公司

地址 東京都港區東麻布3-3-6アザブイースト2F
電話 03-3568-1133
FAX 03-3568-1134
URL http://www.imbert.co.jp
MAIL contact@imbert.co.jp

Il Pleut Sur La Seine股份有限公司企畫
輸入販售部

地址 東京都澀谷區惠比壽西1-16-8彰和ビル2F
電話 03-3476-5195
FAX 03-3476-3772
URL http://www.rakuten.ne.jp/gold/ilpleut/index.html

Iwase Eesta股份有限公司大阪本社

地址 大阪府大阪市浪速區元町3-5-16
電話 06-6632-3061
FAX 06-6649-0700

Iwase Eesta股份有限公司東京本社

地址 東京都大田區南六鄉3-11-1
電話 03-5714-1131
FAX 03-5714-1133

URL http://www.iwase-esta.co.jp/

上野忠股份有限公司

地址 大阪府大阪市中央區瓦屋町2-6-7や的まんビル4F
電話 06-6762-6625
FAX 06-6762-4065
URL http://uenochu.jimdo.com/

小田喜商店股份有限公司

地址 茨城縣笠間市吉岡185-1
電話 0299-45-2638
FAX 0299-45-2639
URL http://www.kurihiko.com

Kumarei股份有限公司
球磨栗本舖

地址 熊本縣球磨郡湯前町101-1
電話 0966-43-7008
FAX 0966-43-2673
URL http://www.kumarei.co.ip/

Sun Eight貿易股份有限公司

地址 東京都港區南青山1-1-1新青山ビル西館22F
電話 03-5414-1572.1573
FAX 03-5414-1580
URL http://www.sun-eight.com

城川開發公社股份有限公司　城川自然農場

地址 愛媛縣西予市城川町下相1188
電話 0894-82-0072
FAX 0894-82-1140
URL http://www.shirokawa.jp/farm/index.html

大和貿易股份有限公司

地址 兵庫縣神戶市中央區野崎通3-3-13
電話 078-222-2311
FAX 078-222-2312
URL http://www.dil-g.co.jp
MAIL info@dil-g.co.jp

Nakari股份有限公司

地址 京都府八幡市八幡三ノ甲11-3
電話 075-983-8888
FAX 075-983-0880
URL http://www.nakari.co.jp/

日法商事股份有限公司

地址 兵庫縣神戶市中央區御幸通5-2-7

神戶食品部

電話 078-265-5988
FAX 078-265-5977

東京食品部

電話 03-5778-2481
FAX 03-5778-2482
URL http://www.nichifutsu.co.jp

日法貿易股份有限公司

地址 東京都千代田區霞が關3-6-7霞が關プレイス
電話 0120-003-092
URL http://www.nbkk.co.jp

Maruya股份有限公司

地址 德島縣德島市佐古8-4-26
電話 088-622-4550
FAX 088-623-7706
URL http://www.my-maruya.jp
Mail maruya@my-maruya.jp

Roots貿易股份有限公司

地址 千葉縣市川市新田4-13-8
電話 047-379-1505
FAX 047-379-1506
URL http://www.e-roots.co.jp

甜點店介紹
及蒙布朗的刊載頁

Il Fait Jour

蒙布朗→P38

使用嚴選自世界各地的優良素材，提供展現宍戶主廚感性的新感覺蛋糕。在立川ecute、新百合之丘L-Mylord 設有分店。

地址　神奈川縣川崎市麻生區下麻生2-29-8
電話　044-987-3120
營業時間　10時～19時
例休日　無休
URL　http://www.ilfaitjour.com

Archaïque

蒙布朗→P42

擁有許多遠道而來的粉絲的人氣店。平時除了固定供應40種左右的冷藏類甜點外，烘烤類甜點、麵包，以及傳統的包餡麵包等，產品種類相當豐富。

地址　埼玉縣川口市戶塚4-7-1
電話　048-298-6727
營業時間　9時30分～19時30分（週日・國定假日～19時）
例休日　週四（遇國定假日營業）
URL　無

Café du Jardin

國王蒙布朗→P130

1998年開幕。儘量使用有機栽培或無農藥栽培的水果，店內陳售能享受季節風味的冷藏類甜點24～25種，烘烤類甜點約40種。

地址　東京都福生市福生2403-14
電話　042-553-2225
營業時間　10時～19時30分
例休日　週一、第2、第4個週二
URL　http://www.cafe-du-jardin.com/

Arcachon

蒙布朗→P32

在發源地甜點店般感覺的店內，販售冷藏類甜點、地方特色糕點、巧克力、麵包等多種產品，是廣受歡迎的人氣店。

地址　東京都練馬區南大泉5-34-4
電話　03-5935-6180
營業時間　10時30分～20時
例休日　週一・不定休
URL　http://arcachon.jp/

PÂTISSIER JUN HONMA

蒙布朗→P78

2011年該店在吉祥寺開幕。使用安心、安全的材料，追求活用素材的簡單美味。「大吉捲」和烘烤類甜點都是人氣商品。

地址　東京都武蔵野市吉祥寺本町3-4-11
　　　ウインズギャラリー1F
電話　0422-27-5444
營業時間　10時～20時
例休日　不定休
URL　http://jun-honma.com/

shakers cafe lounge+ 難波CITY店

焙茶蒙布朗→P154

甜點師傅、咖啡師、料理人等人材齊聚一堂，目標是提供優質、正統的餐點。該店每月推出新品蛋糕等，對冷藏類甜點也極為用心。

地址　大阪府大阪市中央區難波5-1-60なんばCITY本館1F
電話　06-6633-4344
營業時間　8時30分～23時（餐飲最後點單至21時、飲料至22時）
例休日　不定休（以難波CITY為準）
URL　http://www.shakers.jp

PÂTISSERIE APLANOS

和栗蒙布朗→P98

曾在海外比賽中獲獎、經驗豐富的朝田主廚，在2011年開設的甜點店。也積極地研發採用埼玉當地素材的甜點。

地址　埼玉縣さいたま市南區沼影1-1-20
　　　フィオレッタ武藏野103
電話　048-826-5656
營業時間　10時～19時
例休日　週三
URL　http://aplanos.jp/

Charles Friedel

Aiguille du Midi→P134

最初在法國的「Au Bon Vieux Temps」等地修業的門前主廚，所製作的濃厚風味的法國甜點極具人氣。近年來對巧克力也投注許多心力。

地址　大阪府泉佐野市日根野4356-1
電話　072-461-2919
營業時間　10時30分～19時
例休日　不定休
URL　http://www.ffff.jp/

Pâtisserie Voisin

蒙布朗→P94

曾在「Jean-Paul Hevin」等地磨練甜點技術的廣瀨主廚，於2009年開設本店。店內除了備有約20種冷藏類甜點外，巧克力、馬卡龍也很受歡迎。

地址　東京都杉並區上荻2-17-10
電話　03-6279-9513
營業時間　10時～19時
例休日　週三
URL　無

Delicius 箕面本店

和栗蒙布朗→P12

「Delicius」在義大利語中是「美味」的意思。冠以店名的起司蛋糕，誘人的起司風味贏得粉絲熱烈的迴響。環繞花卉的咖啡區也很受歡迎。

地址　大阪府箕面市小野原西6-14-22
電話　072-729-1222
營業時間　10時～20時
例休日　週二、第1、3個週一（週二是國定假日時營業）
URL　http://www.delicius.jp/

Pâtisserie Etienne

蒙布朗→P118

該店甜點容易食用，適合各年齡層顧客，同時致力開發運用季節素材的「全食系列」甜點。呈現成人可愛感的獨創甜點也深具魅力。

地址　神奈川縣川崎市麻生區萬福寺6-7-13
　　　マスターアリーナ新百合ヶ丘1F
電話　044-455-4642
營業時間　10時～19時
例休日　週一
URL　http://etienne.jp/

W. Boléro

聖維克多→P46

以販售南法甜點為主的寬廣店中，從長銷到新品陳列著琳瑯滿目的商品，葡萄酒、食材也一應俱全。環繞樹木和香草的咖啡座環境讓人感到愉快。

地址　滋賀縣守山市播磨田町48-4
電話　077-581-3966（電話接聽10時～）
營業時間　11時～20時
例休日　週二（國定假日是隔天休）
URL　http://www.wbolero.com

pâtisserie mont plus

蒙布朗→P20

本店是正統法國甜點店中，最受矚目的店之一。除了有外賣、咖啡、甜點教室外，還有販售製作甜點的材料。

地址　兵庫縣神戶市中央區海岸通3-1-17
電話　078-321-1048
營業時間　10時～19時
例休日　週二
URL　http://www.montplus.com/

pâtisserie gramme

蒙布朗→P6

三橋和也主廚曾在名古屋的Nagoya Marriott Associa飯店任職，2011年秋天開設本店。販售咖啡、樸素高雅的法國甜點及果醬等。

地址　愛知縣名古屋市千種區猫洞通2-5
電話　052-753-6125
營業時間　10時～18時（咖啡座最後點餐至17時30分）
例休日　週三（遇國定假日、節慶等營業）、
週四不定休
URL　http://www.lgramme.com

Pâtisserie Ravi, e relier

蒙布朗→P90

服部勸央主廚以其感性，製作出具衝擊性的冷藏類甜點、烘烤類甜點和麵包等都深受矚目，連日銷售一空。姐妹店French Bar也預定開店。

地址　大阪府大阪市北區山崎町5-13
電話　06-6313-3688
營業時間　11時～20時
例休日　週二、週三
URL　http://ameblo.jp/patisserie-ravie-relier/

PÂTISSERIE JUN UJITA

蒙布朗→P50

本店開幕不到兩年即成為該地的地標。「希望單純傳遞美味」的宇治田主廚的甜點，最大的特色是誘人的味道與芳香。

地址　東京都目黑區碑文谷4-6-6
電話　03-5724-3588
營業時間　10時30分～19時
例休日　週一（國定假日時改為週二）
URL　http://www.junujita.com/

PÂTISSERIE LACROIX

蒙布朗→P66

山川大介主廚最初在大阪的「Nakatani亭」修業，後來曾在東京、名古屋等地修業，之後赴法。在「Lusoee Sullo」等地工作，2011年，在酒藏之城伊丹開店。

地址　兵庫縣伊丹市伊丹2-2-18
電話　072-747-8164
營業時間　11時～19時（賣完即休息）
例休日　週一、週二（遇國定假日營業）
URL　http: //lacroix.jp

Pâtisserie La Girafe

蒙布朗→P74

在古典甜點中加入料理性和現代感的變化，推出別具一格的法國甜點而備受矚目，吸引了富山當地的甜點愛好者。散發古典氛圍的店內也充滿魅力。

地址　富山縣富山市黑瀨北町1-8-7
電話　076-491-7050
營業時間　11時～19時30分
例休日　週一、其他不定休
URL　http://www.patisserie-la-girafe.com/

Pâtisserie LA NOBOUTIQUE

和栗蒙布朗→P126

除了販售種類豐富的商品外，還推出事先預約的低糖甜點。週三（第1個以外）時，小酒館也營業。該店是當地不可或缺的店家。

地址　東京都板橋區常盤台2-6-2池田ビル1F
電話　03-5918-9454
營業時間　10時～20時
例休日　第1個週三
URL　http://www.noboutique.net/

pâtisserie CERCLE TROIS

和栗蒙布朗→P114

具有飯店甜點部門工作經驗的主廚製作的甜點十分雅緻。「我想像全家圍繞著蛋糕的幸福場面來製作」如主廚所言，該店深受當地人喜愛。

地址　兵庫縣神戶市東灘區魚崎北町6-3-1
ベルセゾン魚崎1F
電話　078-453-1001
營業時間　10時～19時
例休日　週二
URL　http://www.patisserie-cercletrois.com

Parlour Laurel

蒙布朗→P62

1980年創業。該店提供店東兼主廚的武藤邦弘先生製作的長銷蛋糕，以及長男副主廚康生先生製作的創新蛋糕。

地址　東京都世田谷區奧澤7-24-3
電話　03-3701-2420
營業時間　9時30分～19時30分（茶飲區最後點餐至19時）
例休日　無休
URL　無

HIRO COFFEE cake atelier

淡味蒙布朗→P102

帶領HIRO COFFEE 蛋糕部門的藤田浩司主廚，是2008、2012年WPTC的日本代表。嚴選素材製作能突顯咖啡的簡單甜點。

地址　兵庫縣伊丹市北伊丹5-15-1
電話　072-775-1002
營業時間　8時～23時（茶飲區最後點餐至22時30分）
例休日　無休
URL　http://www.hirocoffee.co.jp/hiro/cakeatelier.html

BLONDIR

蒙布朗→P106

重現發源地法國甜點的風味的商品構成，以及能品味在地氛圍的店內外裝飾等，是一家以法國為主題的人氣甜點店。

地址　埼玉縣富士見市ふじみ野東1-12-14
　　　プランタン21 1F
電話　049-278-7621
營業時間　10時30分～20時（週日・國定假日～19時30分）
例休日　週三
URL　http://www.blondir.com

PERITEI

蒙布朗→P146

法式甜點部門和美食部門兼具的蘆屋人氣店。在店內除了常備30種冷藏類甜點、20種烘烤類甜點外，還販售法國的家常菜。

地址　兵庫縣蘆屋市大桝町6-8
電話　0797-35-3564
營業時間　11時～20時
例休日　無休
URL　無

Pâtisserie Rechercher

蒙布朗→P58

2010年開幕的店。店內提供各式正統的法國甜點，經過村田義武主廚精選的個性風味深受大眾的注目。

地址　大阪府大阪市西區南堀江4-5-B101
電話　06-6535-0870
營業時間　10時～19時
例休日　不定休
URL　http://rechercher34.jugem.jp/

Pâtisserie Religieuses

蒙布朗→P142

同時擁有製作和菓子技術的森主廚，運用法國和日本的素材、用具等製作法國甜點，使這家富法國情調的甜點店大獲好評。

地址　東京都世田谷區世田谷4-16-7
電話　03-5799-4466
營業時間　10時～20時
例休日　週二（暑期休假等臨時停止營業）
URL　http://on.fb.me/NKVTiP

Pâtisserie Les années folles

蒙布朗→P54

在國、內外名店累積無數經驗的菊地主廚，於2012年11月開設本店。承襲傳統且具主廚個人風格的甜點，深受大眾矚目。

地址　東京都澀谷區惠比壽 1-21-3
電話　03-6455-0141
營業時間　10時～22時
例休日　無休
URL　無

pâtisserie ROI LEGUME

蒙布朗→P150

在東京都內名店累積甜點技術的小寺主廚，在從事農作的老家的一部分土地上開業。活用自家農園栽種的水果製作的甜點深獲好評。

地址　埼玉縣朝霞市三原3-32-10
電話　048-474-0377
營業時間　10時～19時
例休日　週二、第3個週三（會異動）
URL　http://www.roi-legume.com

Le Milieu

蒙布朗→P82

設在鎌倉山的斜對面，兼設視野佳的戶外咖啡座。除了活用素材的蛋糕外，正統的麵包也深受歡迎。

地址　神奈川縣鎌倉市鎌倉山3-2-31
電話　0467-50-0226
營業時間　10時～18時
例休日　不定休
URL　http://www.la-precieuse.com/

POIRE 帝塚山本店

蒙布朗→P26

1969年創業的POIRE目前已開設9家店。以適合日本人的味覺的高雅風味，具高級感的洗練店面及周到的服務，贏得超高人氣。

地址　大阪府大阪市阿倍野區帝塚山1-6-16
電話　06-6623-1101
營業時間　9時～22時
例休日　無休
URL　http://www.poire.co.jp

Les Créations de Pâtissier SHIBUI

和栗蒙布朗→P122

這是位於東京・田園調布住宅區的甜點店。店東澀井主廚以熟練的技術，提供活用素材的獨創甜點。

地址　東京都世田谷區東玉川2-41-2サウスウイング101
電話　03-6914-7239
營業時間　10時～19時
例休日　不定休
URL　http://www.patissier-shibui.com

matériel

蒙布朗→P70

林主廚擅於組合素材製作具豐富外型與風味的甜點，店內各式甜點一應俱全。全年販售的史多倫麵包是招牌商品之一。

地址　東京都板橋區大山町21-6白樹館壹番館1F
電話　03-5917-3206
營業時間　10時～20時
例休日　週三
URL　http://www.patisserie-materiel.com/

LETTRE D'AMOUR Grandmaison 白金

和栗蒙布朗→P86

2005年，於東京白金台開幕。平時提供20種重視季節感、洋溢創作性的蛋糕。二樓還兼設茶飲區。

地址　東京都港區白金台5-17-1
電話　03-5488-5051
營業時間　營業時間11時～20時　茶飲區～19時
例休日　過年期間
URL　http://www.lettre-damour.jp

LE PÂTISSIER Yokoyama 京成大久保店

丹澤蒙布朗→P110

除本店外還有谷津店共經營2家店，是擁有許多遠道而來顧客的千葉人氣店。甜點中減少使用酒類和辛香料，用心製作適合全家共享的甜點。

地址　千葉縣習志野市大久保1-1-34
電話　047-403-8886
營業時間　10時～19時30分
例休日　週二
URL　http://p-yokoyama.jp/

LE JARDIN BLEU

蒙布朗→P138

以傳統法國甜點為基礎，主要推出受在地客喜愛、易接受的甜點。烘烤類甜點種類也很豐富。兼具外賣和內用區。

地址　東京都多摩市乞田1163
電話　042-339-0691
營業時間　10時～20時
例休日　週二（國定假日改隔天休）
URL　無

西點蛋糕系列叢書

終於發現秘訣！巧克力甜點完美製作技巧

20x25.7cm　　96 頁
彩色　　定價 280 元

凡事都有其成功的秘訣，巧克力甜點當然也不例外。其成功的秘訣，就在於能否和其他材料順利混合而不分離！現任甜點教室專任講師的本書作者，將以其豐富的教學經驗，一步步帶領我們製作出誘人的巧克力甜點！只要能夠加以實際應用，就能讓夢幻巧克力甜點成為你的拿手絕活！

10 大名店幸福小蛋糕主廚代表作

21x29cm　　112 頁
彩色　　定價 400 元

傳統中揉和創意與料理感覺，展現小蛋糕強烈的存在感。活用必要材料讓風味倍增，直接傳達美味的幸福甜點～

書裡所介紹的小蛋糕皆有彩色作法流程、完成品斷面圖，還有主廚烘焙妙招、製作出美麗外觀與擺放的技巧說明等，在人氣店中熱銷一空的品項作法，藉由本書徹底曝光！

頂尖主廚　炫技蛋糕代表作

21x29cm　　112 頁
彩色　　定價 400 元

為了不要讓客人很快就感到厭煩，蛋糕在外觀上的設計必須推陳出新。即使是同一款蛋糕，每次也需要不同的造型裝飾。將腦中閃亮如櫥窗中珠寶的蛋糕意象，透過將精選食材與技術的絕妙組合，創造出豪華且符合主題的美味蛋糕。讓顧客看起來賞心悅目，吃得滿嘴幸福洋溢！

頂尖主廚　法式甜點代表作

21x29cm　　112 頁
彩色　　定價 400 元

10 位頂尖主廚獨家公開 X 50 種人氣 NO.1 招牌法式甜點！

本書集結十位日本甜點界的蛋糕達人，並且專訪這些手藝高超的主廚，暢談他們的開店理念、創作點子。並且選出他們最具代表性的招牌商品，公開其製作秘方，讓你也能做出媲美名店職人的美味法式甜點！

TITLE

頂尖甜點師的蒙布朗代表作

STAFF

出版　瑞昇文化事業股份有限公司
編著　旭屋出版書籍編集部
譯者　沙子芳

總編輯　郭湘齡
責任編輯　黃雅琳
文字編輯　黃美玉
美術編輯　謝彥如
排版　執筆者設計工作室
製版　大亞彩色印刷製版股份有限公司
印刷　皇甫彩藝印刷股份有限公司
法律顧問　經兆國際法律事務所　黃沛聲律師

戶名　瑞昇文化事業股份有限公司
劃撥帳號　19598343
地址　新北市中和區景平路464巷2弄1-4號
電話　(02)2945-3191
傳真　(02)2945-3190
網址　www.rising-books.com.tw
Mail　resing@ms34.hinet.net

本版日期　2015年12月
定價　450元

國家圖書館出版品預行編目資料

頂尖甜點師的蒙布朗代表作 / 旭屋出版書籍編集部編 ; 沙子芳譯. -- 初版. -- 新北市 : 瑞昇文化, 2014.11
176面 ;19X25.7公分

ISBN 978-986-5749-77-4(平裝)
1.點心食譜

427.16　　103019159